207

MOEWIG
HOROSKOP

Dein Erfolgshoroskop

Jungfrau

24. August - 23. September

MOEWIG

MOEWIG Band Nr. 7006
Moewig Taschenbuchverlag Rastatt

Umschlagentwurf und -gestaltung: Franz Wöllzenmüller, München
Verkaufspreis inkl. gesetzl. Mehrwertsteuer
Auslieferung in Österreich:
Pressegroßvertrieb Salzburg, Niederalm 300, A-5091 Anif
Printed in Germany 1984
Druck und Bindung: Ebner, Ulm
ISBN 3-8118-7006-8

Aus dem Inhalt

Einleitung

Seit Menschengedenken hat die Astrologie, die Deutung der Sterne, in unserer Vorstellungswelt einen großen und wichtigen Raum eingenommen. Schon immer wollten wir wissen: Was bringt uns die Zukunft? Was kommt auf uns zu? Wie müssen wir uns verhalten, um unserem Schicksal begegnen zu können, um es zu meistern?

Wichtig ist uns aber auch die Frage: Wer sind wir? Wer sind die Menschen, die uns umgeben? Wie erkennen wir sie? Wie können wir etwas über ihren Charakter aussagen? Auch wenn es auf diese Vielzahl von Fragen keine allgemein gültigen Antworten geben kann, keine Schablonen, in die man Menschen hineinpressen darf, so ist die Astrologie, wissenschaftlich und seriös betrieben, doch ein seit Jahrtausenden bewährtes Mittel, gemeinsame Wesenszüge und Charaktereigenschaften jener Menschen zu erkennen, die unter dem gleichen Sternzeichen geboren wurden.

Daß das Interesse an der Astrologie gerade heute wieder sehr gewachsen ist und daß diese Wissenschaft einen so breiten Raum einnimmt, ist kein Zufall.

Nie zuvor war die Zeit schnellebiger, hektischer, anfordernder. Nie zuvor wurde uns mehr abverlangt. Nie zuvor waren Streß und Leistungsdruck ausgeprägter als in unserem Jahrhundert. Schon in Schulen, schon in Kindergärten werden von uns Fähigkeiten erwartet, müssen wir unseren „Mann stehen“.

Das können wir um so besser, je mehr wir über uns selbst und unsere Mitmenschen aussagen können.

Erfolgreich ist in unserer leistungsbetonten Gesellschaft nur der, der seine eigenen Wesenszüge erkennt und somit richtig einsetzen kann. Erfolgreich ist darüber hinaus der, der auch seine Mitmenschen und deren Talente richtig einschätzen kann, kurz: erfolgreich ist, wer die wesentlichen Merkmale astrologischen Wissens begriffen hat und deuten kann.

Der vorliegende Band soll Ihnen, dem unter dem Zeichen der Jungfrau-Geborenen einen Schlüssel in die Hand geben, der es Ihnen erlaubt, die Astrologie in den Dienst Ihres ganz persönlichen Erfolges und Lebensglücks zu stellen.

Die Jungfrau und ihr privates Glück

Lernen Sie sich kennen und verstehen

Das unverwechselbare Porträt der Jungfrau-Frau

Wohl kein anderes weibliches Wesen wird leichter und häufiger mißverstanden als die unter dem Zeichen der Jungfrau Geborene. Man hält sie für kühl, arrogant, herzlos. Alle drei Eigenschaften sind jedoch nur aufgesetzt, entsprechen aber keineswegs ihrem wirklichen Naturell.

Wer ist die Jungfrau-Geborene wirklich? Was prägt ihren Charakter, welches sind ihre Vorzüge, welches ihre Schwächen? In erster Linie muß man bei diesen Sternzeichen-Vertreterinnen immer wieder sagen: sie sind gar nicht so, wie sie auf den ersten Blick wirken. Gewiß, zurückhaltend sind die Jungfrau-Geborenen – aber nur am Anfang. Sie brauchen einfach eine längere Anlaufzeit, ehe sie sich für einen Menschen erwärmen können und ihr wirkliches Wesen offenbaren.

Im Grund ihres Herzens ist die Jungfrau-Geborene liebenswürdig und liebenswert, anschmiegsam und zärtlich, sogar bis zu einem gewissen Grade heiter. All diese Dinge sind jedoch häufig verdeckt und von einer starren Haltung, die nicht selten als Arroganz interpretiert wird.

Die rauhe Schale der Jungfrau-Geborenen, die einen durchaus weichen Kern umschließt, macht den Umgang mit diesen Frauen keineswegs einfach. Man braucht lange, bis man wirklich an sie herankommt. Man muß sich zwingen, sich von der zur Schau gestellten kühlen Haltung nicht sofort ablenken zu lassen, und man muß lernen, daß jene Kaltschnäuzigkeit, wie sie typisch scheint für diese Sternzeichen-Vertreterinnen, nur aufgesetzt ist.

Eines haben alle Jungfrau-Geborenen gemeinsam: von ihren Arbeitgebern werden sie über alle Maßen geschätzt. Das ist kein Zufall. Ausgeprägte Wesenszüge dieser Damen sind Fleiß, Eifer, Ehrgeiz und Strebsamkeit. Sie gehören zu jenen Angestellten, die an sich selbst sehr hohe Anforderungen stellen.

Letzteres ist der Grund dafür, warum ein Leben an der Seite einer Jungfrau-Geborenen alles andere als einfach ist. Da sie sich selbst soviel abverlangt, sind die Anforderungen, die sie an ihre Mitmenschen stellt, ähnlich hoch. Die Leute um sie herum haben ebenso ordentlich, pünktlich und gewissenhaft zu sein. Sie duldet genauso wenig Verspätung wie Versprechen, die dann doch nicht gehalten werden.

Jungfrau-Geborene, vom Typ her oft zart und zerbrechlich wirkend, können den nicht Eingeweihten durchaus überraschen. Sie sind zäher, als man denkt. Wenn es darum geht, ein Ziel zu erreichen, bedienen sie sich nicht nur ihrer Ellbogen, sondern auch jener für sie typischen Willensstärke, mit der sie schon immer viel erreicht haben.

Obwohl die Jungfrau-Geborene sehr häufig für kühl gehalten wird, braucht sie beinahe mehr als andere Frauen Wärme und Geborgenheit, gepaart mit ständiger Anerkennung. Sie ist kein Mensch, der allein leben kann. Sie braucht eine Schulter, an der sie sich anlehnen kann. Ist ihr das Lebens- und Liebesglück nicht beschieden, dann wird sie gern zu jenem Typ, für den man sie von vornherein halten könnte, wenn man sie nicht genau kennt: verbissen, kalt, verbittert.

Das unverwechselbare Porträt des Jungfrau-Mannes

Schwierig und schwer zu durchschauen ist auch er. Wie die Vertreterin seines Tierkreiszeichens ist auch der Jungfrau-Mann ein Mensch, der leicht falsch eingeschätzt wird, weil er sich anders gibt, als er wirklich ist. Bei ihm kommt jedoch erschwerend hinzu, daß er in beinahe allen Fällen ein Spätzünder ist. Er braucht länger als andere, bis er Zusammenhänge begriffen hat. Er tut sich schwer, in seiner körperlichen und geistigen Entwicklung mit Gleichaltrigen Schritt zu halten.

Das darf jedoch nicht falsch ausgelegt werden. Es heißt nicht, daß der Jungfrau-Geborene sein Leben lang ein Spätzünder bleibt. Hat er die ersten zwei, drei Lebensjahrzehnte hinter sich gebracht, holt er das Versäumte mit Riesenschritten wieder auf. Für seine Kindheit, seine Jugend und sein frühes Erwachsensein gilt jedoch: der Jungfrau-Geborene steht am Anfang immer im Hintergrund. Er tut sich schwer in der Partnerschaft, in der Schule, in der Berufswahl. Er kann sich nicht leicht festlegen, kennt seine eigene Richtlinie nicht und auch nicht seinen eigenen Wesenskern.

Wer ist er, der Jungfrau-Mann? Was prägt ihn, welches sind seine Vorzüge, welches seine Schwächen? Er ist gutmütig, großzügig, warmherzig. Alle drei Eigenschaften sieht man ihm keineswegs an. Vielmehr hält man ihn eher für kühl und abwartend, weil man gern übersieht, daß diese Haltung nur deshalb zustande kommt, weil der Jungfrau-Vertreter selbst noch nicht weiß, welchen Weg er einschlagen soll.

Seine Stärken sind Strebsamkeit, Eifer und jene Verbissenheit beim Erreichen eines Zieles, die ihn zu einem erfolgreichen Menschen machen kann.

Seine Schwächen: Er gehört zu jenen Menschen, die manchmal den Wald vor lauter Bäumen nicht sehen. Er kann sich so in ein Aufgabengebiet hineinsteigern, daß er dabei die große Linie übersieht. Ferner kann er seine angeborene Sparsamkeit auch dermaßen übertreiben, daß man sie ihm als Geiz auslegt. Eine weitere Schwäche, die er übrigens auch mit der weiblichen Jungfrau gemeinsam hat: Er neigt zur Kritiksucht. Da er sich selbst für einen kühlen Kopf und ein geborenes Führungstalent hält, nörgelt er gern an allem, was andere in die Waagschale zu werfen haben, herum. Er selbst kann weniger gut vertragen, wenn man ihn kritisiert, nimmt aber für sich in Anspruch, anderen sagen zu dürfen, was richtig und was falsch ist.

Die Haltung, die beinahe zur doppelten Moral wird, prägt auch sein Zusammenleben mit dem anderen Geschlecht. Während er selbst sich zubilligt, auch für die Reize anderer Frauen empfänglich zu sein, verlangt er von seiner Partnerin absolute Treue. Darüber hinaus fordert er, als Kopf anerkannt zu werden, alle Entscheidungen in Eigenregie fällen zu dürfen und jenes Familienmitglied zu sein, nach dem sich alle anderen zu richten haben.

Kein Wunder also, daß es gerade in den Ehen von Jungfrau-

Geborenen häufiger kriselt. Nichtsdestotrotz bleiben die Zweierbeziehungen meistens bestehen. Der Grund dafür: Dieser Sternzeichen-Vertreter hält an allem, was er erreicht hat, zäh fest. Er gibt nicht leicht auf, wofür er einmal gearbeitet hat.

Eine materiell gesicherte Existenz gehört zu den Wunschbildern, die im Zeichen der Jungfrau Vorrang haben. Das ist jedoch nicht nur ein positiver Zug. Vielmehr drückt sich darin auch teilweise die Lebensangst dieser Menschen aus, das Bangen vor unvorhergesehenen Schicksalsschlägen, gegen die sie sich durch ein ausreichendes finanzielles Polster zu wappnen versuchen. Die innere Ruhe eines echten Jungfrau-Mannes ist nur dann gesichert, wenn die Bankauszüge stimmen.

Ähnlich wie die weibliche Jungfrau ist der männliche Vertreter dieses Sternzeichens ein pünktlicher, zuverlässiger, ordnungsliebender Mensch, der darüber hinaus häuslich ist und voller Pflichtbewußtsein. Als Angestellter wird er über alle Maßen geschätzt. Als Selbständiger hingegen, kann es sein, daß er Schwierigkeiten in Kauf nehmen muß, jedenfalls dann, wenn er sich zu früh selbständig gemacht und noch nicht den nötigen Überblick für ein solches Unternehmen hat.

Bequem sind Jungfrau-Geborene nicht. Die hohen Ansprüche, die sie an ihre Mitmenschen stellen, können zu einer Belastung werden. All jene Menschen, die unter einem Jungfrau-Chef arbeiten müssen, können ein Lied davon singen, wie schwierig es mitunter ist, diesen Anforderungen gerecht zu werden. Viel einfacher wäre es, hier und da eine Nachlässigkeit zu verzeihen, wenn der Jungfrau-Mann selbst sich mitunter etwas zu schulden kommen lassen würde. Darauf jedoch kann man meistens lange warten. Vielmehr ist er so gewissenhaft, so strebsam und so aufmerksam beim Verfolgen seiner Ziele, daß ihm kaum Fehler unterlaufen. Folgerichtig bleiben dem Jungfrau-Geborenen viele Fehlschläge erspart. Andererseits werden aber wegen dieser gewissen Engstirnigkeit auch kaum solche Erfolge erzielt, die über das Mittelmaß hinausgehen. Dafür gibt es aber noch einen weiteren Grund. Die Jungfrau-Menschen können nur sehr schlecht für sich selbst Reklame machen. Trotz aller vorhandenen Vorzüge schaffen sie es nicht, sich in den Vordergrund zu spielen und einmal energisch ihre Ellenbogen zu benutzen, wenn es um wirklich wichtige Ziele geht. Gerade in der heutigen Zeit, in der ein Mensch doch sehr oft danach beurteilt wird, wie gut er es schafft, sich in Szene zu setzen, kann der fleißige, aber auch stille Jungfrau-Mann sehr leicht ins Hintertreffen geraten.

Mit den Sternen durch die Kindheit

Auffallend und ungewöhnlich ist das Jungfrau-Kind von Anfang an. Schon als Säugling wird es überraschen durch die Fähigkeit, Erwachsene mimisch nachzuahmen. Es ist schnell und beweglich und andererseits friedlicher und ruhiger als andere Kinder. Ein Gegensatz, der schon früh anzeigt, daß es sich hier um ein komplexes Wesen voller Widersprüche handelt.

Versuchen Sie nie, Ihrem kleinen Jungfrau-Kind ein Nahrungsmittel einzutrichtern, das es gerade ablehnt. Der Verlierer sind dabei immer Sie. Ihr Kind wird Sie zwar freundlich anlächeln, aber stur den Kopf zur Seite drehen, wenn Sie versuchen, es zu füttern. Überhaupt zeichnet es sich schon sehr früh nicht nur durch einen festen Willen, sondern auch durch ganz bestimmte Präferenzen aus. Es mag schon als Kleinstes Spinat einer Süßspeise vorziehen und Ihnen diese Vorliebe sehr deutlich mitzuteilen.

Sieht man davon ab, daß Jungfrau-Kinder bei den Mahlzeiten nicht gerade einfach sind, dann sind sie doch alles in allem Sprößlinge, mit denen der Umgang nicht zu schwierig ist. Wenig Trotzanfälle, wenig Konflikte treten auf. Schon früh zeigt sich der angeborene Ordnungssinn. Während die Zimmer anderer Kinder Schlachtfelder sind, ist das des kleinen Jungfrau-Menschen aufgeräumt und ordentlich. Auch fällt auf, daß diese Jungen und Mädchen sehr früh zu sprechen beginnen, eine geschickte Wortwahl haben und die ganze Familie zu unterhalten vermögen. Allerdings – ist Besuch da, ziehen sie sich lieber ruhig in eine Ecke zurück.

Mit großer Wahrscheinlichkeit ist das Jungfrau-Kind in der Schule der ausgemachte Liebling seiner Lehrkräfte. Kaum ein anderer Schüler wird so aufmerksam zuhören, wird seine Arbeiten so sorgfältig erledigen und darüber hinaus so wenige Disziplinschwierigkeiten machen. Es macht Spaß, ein Jungfrau-Kind zu unterrichten, denn es ist aufmerksam und konzentriert. Aber Vorsicht, kritisieren darf man es bei kleinen Mißerfolgen nicht. Zu viel Streß kann aus dem Jungfrau-Schüler ein verzweifeltes Individuum machen, das sich plötzlich gar nichts mehr zutraut und sogar richtig krank wird.

Trotz aller Erfolge, allen Eifers und aller Intelligenz ist es für sie entsetzlich, wenn sie vor der gesamten Klasse einen Vortrag zu halten haben. Sie werden ihn dann zehnmal und häufiger üben, bis auch das letzte Wort stimmt. Sie dann auf einen kleinen Fehler hinzuweisen, wäre falsch. Hier ist es besser, die große Linie zu sehen, den Eifer anzuerkennen und über Flüchtigkeiten hinwegzusehen. Man kann davon ausgehen, daß gerade dieses Kind den Fehler längst selbst gemerkt hat.

Eltern von Jungfrau-Geborenen sollten um diese Schüchternheit wissen. Wenn Ihr Kind auf dem Spielplatz oder in einer Horde von Gleichaltrigen gehänselt wird, leidet es mit großer Wahrscheinlichkeit. Es neigt zwar selbst dazu, an allem herumzukritteln, kann aber Nörgeleien an der eigenen Person nicht verkraften.

Am besten aufgehoben ist ein Jungfrau-Kind, wenn es früh Verantwortung übernehmen und auch in der Schule eine Position bekleiden kann, die es ein wenig von den anderen abhebt. Gerade diese Jungen und Mädchen sind es, die zu Klassensprechern gewählt werden, die Fahrten organisieren, die Finanzen verwalten oder aber die Schülerzeitung redigieren.

Auch haben sie große Erfolge, wenn sie sich an dramatischen Aufführungen beteiligen können. Als kleine Schauspieler und Schauspielerinnen leisten sie Überdurchschnittliches.

In einer Beziehung sind die Jungfrau-Geborenen doch für die Lehrer schwierig: Den geringsten Fehler, den der Lehrer macht, übersehen sie nicht. Sie, die sonst so zurückhaltend, so schüchtern sind, melden sich nun zu Wort, bringen ihre Korrekturen an und sind von diesem Moment an noch mehr als zuvor Zweifler. Ohnehin nehmen sie nicht alles als gegeben hin, was man ihnen vorsetzt. Sie zweifeln an dem, was in Büchern steht, an dem Lehrstoff, an feststehenden Tatsachen. Nur alles, was sie selbst begreifen können, akzeptieren sie als die Wahrheit. Hier kommt

Jungfrau-Schüler sitzen in der vordersten Reihe

der für diese Kinder typische, rechthaberische Zug voll zum Vorschein. Ein Zug übrigens, der ihnen nicht selten Mißkredit einbringt und der sich auch in den späteren Jahren nicht verliert.

Die übergroße Empfindlichkeit dieser Jungen und Mädchen, die leicht übersehen wird, kommt besonders während der Pubertät zum Tragen. Jetzt müssen diese Kinder mit Glacé-Handschuhen angefaßt werden. Es wäre grundfalsch, das Jungfrau-Mädchen aufzuziehen, wenn es seinen ersten Freund hat. Davon könnte es Wunden davontragen, die nie mehr ganz verheilen. Auch sollte man bedenken, daß es gerade diesen Jungen und Mädchen schwerfällt, eine Zweierbeziehung einzugehen. Man sollte ihnen daher keine zusätzlichen Hindernisse in den Weg legen, wenn sie versuchen, sich an einen anderen Menschen zu binden.

Schwierig sind Jungfrau-Kinder noch in einer anderen Beziehung: Sie zeigen nur selten, was sie wirklich wollen. Während sich andere Kinder jene Zärtlichkeit und Zuwendung, die sie von ihren Eltern brauchen, ganz einfach holen, ziehen sich Jungfrau-Jungen und -Mädchen lieber still in eine Ecke zurück, um dort abzuwarten.

Ewiges Eheglück mit einer Jungfrau-Frau

In den Schoß fällt einem die Glückseligkeit und Zufriedenheit einer Jungfrau-Geborenen nicht. Man hat sich damit auseinanderzusetzen, daß sie öfter unzufrieden ist, an allem herumnörgelt, unter Depressionen leidet und das Gefühl hat, bei vielen Dingen zu kurz zu kommen. Was braucht sie wirklich? Wonach sehnt sie sich? Wie kann man dafür sorgen, daß sie zufrieden ist? Sicherheit braucht sie und das Bewußtsein, fest in einer Zweierbeziehung verankert zu sein. Besser noch ist es, wenn sie in einer Familie Mittelpunkt ist, auf den Rücksicht genommen, der um Rat gefragt wird. Außerdem braucht sie Anerkennung für alles, was sie leistet, für ihren Fleiß, für ihre Ordnung, für ihre Pünktlichkeit und für ihr Pflichtbewußtsein, und schließlich braucht sie sehr viel Zärtlichkeit, auch wenn es ihr nicht gegeben ist, diesen Wunsch in Worte zu kleiden.

Der überdurchschnittliche Ehrgeiz der Jungfrau-Frau bedeutet, daß sie am zufriedensten mit sich selbst ist, wenn man ihr sehr viel zumutet, ohne sie dabei zu überlasten. Mit der Doppelbelastung von Beruf und Haushalt werden die meisten Jungfrau-Frauen spielend fertig. Sie ächzen und stöhnen zwar unter all den Pflichten, die sie haben, fühlen sich aber auch nicht wohl, wenn man ihnen zuviel abnimmt. Sie wollen belastet werden, wollen sich beweisen. Aber sie tun es nicht umsonst. Immer wieder möchten sie Lob hören, daß sie Überdurchschnittliches leisten, fleißiger sind als andere, klüger als die meisten und intelligenter als der Durchschnitt.

Man kann das Kind durchaus beim Namen nennen: All das, was sich eine Jungfrau wünscht, um glücklich zu sein, ist durchaus arrogant. Andererseits gilt: All das, was sie dafür zurückgibt, ist auch mehr als der Durchschnitt.

Sie kann eine zärtliche, aufopfernde, phantasievolle und aufregende Geliebte sein, auch dann noch, wenn sie bereits seit vielen Jahren verheiratet ist. Sie kann sich, wenn ihre eigene Welt stimmt, in die Gefühlssituation ihres Partners hineinversetzen und ihm eine ungewöhnlich breite Palette an Stimmungen und Erfahrungen bieten.

Wenn die echte Jungfrau-Geborene nach Sicherheit und nach einer festen Position im Leben strebt, dann muß darunter auch verstanden werden, daß sie die Loyalität und Treue ihres Partners voraussetzt, um sich in ihrer Privatsphäre zurechtzufinden. Ein Mann, um dessen Standfestigkeit sie ständig bangen muß, raubt ihr jene Ruhe, die sie braucht, um ihre Lebensangst zu überwinden und ihrer natürlichen Unsicherheit und Schüchternheit Herr zu werden. Sie ist ihrerseits ja auch bereit, zu jenen Verpflichtungen zu stehen, die sie auf sich genommen hat. Zu einem Seitensprung würde sie sich nur hinreißen lassen, wenn die Ehe steril geworden ist, wenn ihr keine Wärme mehr entgegengebracht wird, oder wenn sie in dieser Verzweiflungstat lediglich einen Racheakt sieht.

Ewiges Eheglück mit einem Jungfrau-Mann

Man muß ihn nicht gerade wie ein rohes Ei, aber doch sehr vorsichtig behandeln. Ein falsches Wort, eine falsche Geste, ein kränkender Blick, schon sieht der Jungfrau-Geborene all seine Felle davonschwimmen. Das ist um so mehr der Fall, je jünger er ist. Während der ersten Lebensjahrzehnte ist er noch verletzlicher als später. Er hat noch nicht den ruhenden Pol gefunden, sieht noch keine feste Zukunft. Die Zwiespältigkeit dieses Charakters zeigt sich gerade darin, daß er auch dann noch verunsichert ist, wenn er bereits die ersten beruflichen Erfolge verzeichnen konnte und eine durchaus beachtenswerte Position bekleidet.

Diese Tendenz gilt im privaten Bereich genauso wie im geschäftlichen. Man muß den Jungfrau-Mann anerkennen, loben und immer wieder bestätigen, wenn man ihn bei Laune halten möchte. Er wird es nicht müde, täglich einmal zu hören, daß all das, was man gemeinsam erreicht hat, eigentlich nur möglich war dank seines Einsatzes, seiner Geschäftstüchtigkeit und seines Fleißes. Er braucht darüber hinaus aber auch Zärtlichkeiten, die man erahnen muß, weil er diese Bedürfnisse wohl nie zugeben würde.

Der Jungfrau-Geborene bedarf einer gewissen Abschirmung von der Umwelt. Er ist kein Typ, der sich täglich mit der rauhen Wirklichkeit auseinandersetzen kann, ohne dabei Schaden zu nehmen. Er braucht innere Harmonie und eine intakte Häuslichkeit, um funktionieren zu können. Er braucht aber auch in jugendlichen Jahren immer wieder einmal einen gutgemeinten Schubs, der ihn auf die große Linie zurückbringt. Sonst kann es ihm trotz allen Fleißes und Ehrgeizes passieren, daß er sich zu sehr an Kleinigkeiten hängt und darüber vergißt, sich seiner Karriere zu widmen. Der Jungfrau-Mann muß das Gefühl haben, für seine Partnerin auch nach vielen Jahren noch der Herzbube zu sein, wenn er ihr ein guter Partner bleiben soll. Loyal und treu ist er von Natur aus. Aber ein phantasievoller und zärtlicher Liebhaber kann er nur dann sein, wenn er immer wieder spürt, daß seine Liebesmüh nicht vergeblich ist.

Die Treue seiner Partnerin ist für diesen Mann Voraussetzung dafür, einen Sinn im Dasein zu sehen, im gemeinsamen jedenfalls. Er ist bereit, sein Leben mit einer Frau zu teilen, die ihm Wärme und Geborgenheit gibt, ihn aber auch wissen läßt, daß ihn so leicht kein anderer Mann übertrifft.

Damit ein Jungfrau-Geborener glücklich sein kann, braucht er die Anerkennung seiner Kinder genauso wie die seiner Frau. Er braucht ein hohes Maß an Verständnis, gerade dann, wenn er einmal Fehler gemacht hat. Ihn darauf hinzuweisen, wäre grundverkehrt. Er hat selbst gemerkt, daß er einen Bock geschossen hat und arbeitet daran, alles wieder ins Lot zu bringen, und auf Kritik reagiert er allergisch. Man tut gut daran, immer wieder daran zu denken. Vergreift man sich nämlich einmal im Ton, dann ist das wie eine Kettenreaktion. Der Jungfrau-Geborene nörgelt nun auch, so daß sich das Ende der ehelichen Harmonie bereits abzeichnet.

Das Intimhoroskop der Jungfrau-Eva

Zehn goldene Regeln, die Sie beachten sollten, wenn Sie auf Männerfang gehen

Regel Nr. 1: Sie sind von Natur aus ein ängstlicher Typ. Immer befürchten Sie Mißerfolge und Reinfälle. Mit dieser Haltung haben Sie im Moment wenig Glück. Seien Sie optimistisch, wenn es um die Eroberung eines Mannes geht. Erstens steht Ihnen das sehr viel besser, zweitens sind immer jene Menschen die Gewinner, die sich mehr zutrauen.

Regel Nr. 2: Sie sind eine sehr empfindsame Frau, die sich recht gut in andere Menschen hineinversetzen kann, in deren Seele liest und daher glaubt, daß diese Fähigkeit auch bei allen anderen vorhanden sein muß. Das ist jedoch nicht immer der Fall. Wenn Sie sich nach Liebe sehnen, müssen Sie Ihre Gefühle zeigen.

Regel Nr. 3: Sie sollten nicht an allem herumnörgeln. Auch wenn der Mann Ihres Herzens einmal nicht so gekleidet ist, wie Sie sich das vorstellen oder sich nicht so verhält, wie Sie sich das wünschen, sollten Sie mit Kritik zurückhaltender sein. Sie vertreiben ihn sonst vielleicht auf Nimmerwiedersehen. Gehen Sie einmal davon aus, es wäre umgekehrt, dann könnten Sie es doch auch nicht ertragen, wenn man Ihnen ständig dieses und jenes vorhalten würde.

Regel Nr. 4: Seien Sie auch toleranter. Nicht jeder kann so sein wie Sie. Wenn sich Ihre große Liebe einmal um ein paar Minuten verspätet oder Sie in seinem Junggesellen-Haushalt nicht jene Ordnung vorfinden, die Sie gewohnt sind, geht deshalb noch nicht die Welt unter. Seien Sie entgegenkommend und großzügig. Sehen Sie die Dinge nicht zu eng. Eine Perfektionistin macht Männern

Angst. Sie spüren, daß sie an Ihrer Seite nicht bestehen könnten und suchen sich lieber jemanden, mit dem ein Dasein nicht ganz so schwierig ist.

Regel Nr. 5: Ein Tip für Ihre Eitelkeit. Lassen Sie Ihr Gesicht wirken, lassen Sie Ihr Gesicht sprechen. Für Sie ist es gar nicht so wichtig, ob Sie sich immer nach dem letzten Schrei der Mode kleiden, wichtig ist bei Ihnen die Mimik und das perfekte Make-up.

Regel Nr. 6: Seien Sie nicht zu empfindlich, wenn sich der Mann, um den es Ihnen geht, einmal nach anderen Frauen umdreht. Das ist nicht gleich gegen Sie gerichtet. Gehen Sie davon aus, daß es dem männlichen Wesen entspricht, sich an allem Schönen zu freuen. Andererseits sollten Sie sich aber nicht dazu verleiten lassen, den Spieß umzudrehen.

Regel Nr. 7: Bemühen Sie sich intensiv um etwas mehr Heiterkeit und Frohsinn. Ihrem Naturell entsprechend sind Sie zwar ein sehr ernsthafter und ein sehr realistischer Typ, aber während Sie verliebt sind, sollten diese Wesenszüge nicht in den Vordergrund gedrängt werden.

Regel Nr. 8: Natürlich sind Sie in vielen Bereichen sehr ehrgeizig. Das ist auch gut und schön, nur sollten Sie daraus keine Taktik machen, die jeder sofort erkennt. Es ist kein Sport, einen Mann für sich zu gewinnen. Mit Fingerspitzengefühl kommen Sie im Moment sehr viel weiter als mit verbissenem Streben.

Regel Nr. 9: Bemühen Sie sich um gleichbleibende Stimmungen. Es entspricht zwar Ihrem Wesen, aus heiterem Himmel plötzlich so etwas wie eine tiefe Depression zu erleben, aber damit sollten Sie den Mann an Ihrer Seite verschonen. Er wird mit großer Wahrscheinlichkeit dafür kaum Verständnis aufbringen. Es ist sehr anstrengend, mit einer Partnerin über die Runden zu kommen, bei der man nie weiß, was wirklich in ihrem Inneren vorgeht.

Regel Nr. 10: Sie sind ein Mensch, der das Kompliment, das Lob und die Bestätigung braucht. Es ist verständlich, daß Sie mindestens dreimal täglich hören möchten, daß Ihre Gefühle erwidert, am besten sogar noch übertroffen werden. Das ist jedoch nicht realistisch. Sie können eine gewisse Zeit ohne ständige Komplimente auskommen und trotzdem glücklich und zufrieden sein.

Jungfrauen sind oft gute Schifahrer

Für mehr Spaß bei der Liebe: So wirkt die Jungfrau-Eva auf die männlichen Vertreter der anderen Sternzeichen

Die Jungfrau-Frau und der Stier-Mann

Das könnte eine wunderbare Sache werden, freilich vorausgesetzt, die Jungfrau lernt es, diesen Mann nicht zu reizen. Ist sie dagegen anschmiegsam und ein wenig entgegenkommend, ist sie gerade für diesen Mann ideal. Auf sexuellem Gebiet versteht man sich hervorragend, und die gegenseitige Anziehungskraft hält auch nach längerer Zeit noch an.

Trotzdem müssen beide Partner eines lernen: den Alltag gemeinsam zu bewältigen. Hier kann es durchaus Schwierigkeiten geben. In der Ehe zeigt sich – weit mehr als am Anfang –, daß die Gegensätze größer sind als die Gemeinsamkeiten. Der zur Sturheit neigende Stier wird in der Jungfrau-Partnerin eine Frau finden, die keinen Deut nachgibt und genauso eisern auf ihren Prinzipien beharrt wie er. Kein Wunder also, daß es da immer wieder starke Auseinandersetzungen gibt. Nur die gemeinsame Körperlichkeit kann hier Brücken bauen.

Später sind die Brücken schon deshalb gegeben, weil beide am Erarbeiteten festhalten, beide Familiensinn haben und in ihrer Häuslichkeit vereint sind.

Eine weitere Klippe, die sich gerade bei diesem Paar leicht ergibt, ist das Bedürfnis des Stier-Mannes nach Einsamkeit. Immer wieder einmal hat er das Gefühl, unbedingt allein sein zu müssen, aber dafür hat die Jungfrau-Partnerin nur wenig Verständnis. Sie möchte einen Gesprächspartner haben und Geborgenheit spüren. Nur sehr tolerante Jungfrauen schaffen es, eine harmonische Dauerbindung aufzubauen. Harmonisch, ausgewogen sind die aus dieser Bindung hervorgegangenen Kinder. Sie sind zielbewußt und selbstbewußt und zeigen nur sehr selten die Empfindlichkeit der Mutter, dafür öfter das sichere, keinen Widerspruch duldende Auftreten des Vaters.

Die Jungfrau-Frau und der Widder-Mann

Verliebt sich eine Jungfrau in einen Widder-Partner, muß davon ausgegangen werden, daß schon bald die Fetzen fliegen. Beide wollen den Ton angeben, und sie sind ehrgeizig genug, um an diesem Ziel festzuhalten.

Trotzdem oder gerade deshalb kommen immer wieder Bindungen zwischen diesen beiden Zeichen zustande. Die gegenseitige Anziehungskraft ist ungewöhnlich groß und überwindet so manche Klippe, die sich aus der Ähnlichkeit des Charakters ergibt. Hervorragend funktionieren kann es, wenn der Widder-Mann es schafft, die Führungsrolle zu übernehmen, und wenn sich die Jungfrau-Geborene nun an seiner Seite beschützt, geborgen und behütet fühlt. Dann ist sie bereit, ihre Kritiksucht zu dämpfen und ihre positiven Eigenschaften in die Partnerschaft einzubringen.

Meistens ist die Zweierbeziehung am besten, wenn sie in einer Ehe mündet. Wenn beide Partner wissen, worauf es nun ankommt und daß sie zueinander gehören, dann sind sie bereit, am gegenseitigen Verhältnis zu arbeiten. Man erkennt sehr schnell ähnlich gerichtete Ziele und trifft sich in dem gemeinsamen Bestreben, es möglichst schnell weit zu bringen.

Schwierigkeiten können sich lediglich daraus ergeben, daß der Widder-Mann gern andere Frauen sieht und seine Jungfrau-Partnerin damit immer wieder verletzt. Erkennt sie jedoch die Harmlosigkeit dieses Verhaltens, dann sind die Chancen für ein dauerhaftes Glück ungewöhnlich groß.

Die aus dieser Bindung hervorgehenden Kinder sind häufig recht schwierig, weil sie die Strebsamkeit, den Ehrgeiz und den Eifer der Mutter mit einer gewissen Sturheit des Vaters verbinden und leicht zu Strebern werden, die etwas verbissen durchs Leben gehen.

Die Jungfrau-Frau und der Zwillinge-Mann

Wenn es mit ihnen nicht klappt, dann sind die beiden Partner selbst daran schuld. Sie sind nämlich wie füreinander geschaffen. Am günstigsten ist die Bindung zwischen einem Zwillinge-Mann und einer Jungfrau-Frau, wenn sie erst in den reiferen Jahren zustande gekommen ist. Haben die Partner bereits negative Erfahrungen gemacht und ist es für beide nicht die erste Dauerbindung, die sie eingehen, dann spricht beinahe alles dafür, daß es dieses Mal klappen wird. Man zieht sich gegenseitig an, versteht sich, ist empfindsam und gemütvoll genug, um auf die Wünsche des anderen einzugehen, und man hat jenen Spaß aneinander, der oft erst im fortgeschrittenen Alter möglich ist.

Wenn sich die Jungfrau-Frau und der Zwillinge-Mann entschließen können, einen zweiten Versuch zu wagen und eine Ehe einzugehen, dann ist diese fast immer von Bestand. Man arbeitet daran, es dem anderen recht zu machen, ist zur Toleranz bereit und verleugnet sogar das eigene Naturell, das heißt in diesem Fall, daß sich der Zwillinge-Mann seiner Jungfrau-Partnerin zuliebe festlegen läßt auf eine bestimmte Linie und daß diese wiederum aufhört, jede Kleinigkeit zu bekritteln.

Auch mit der ehelichen Treue wird es der Zwillinge-Mann sehr genau nehmen, wenn es ihm gelungen ist, eine Jungfrau-Partnerin ganz für sich zu gewinnen. Er, der sonst gern mehrere Eisen im Feuer hat, beschränkt sich hier auf die eine intakte Bindung.

Die aus dieser Bindung stammenden Kinder zeichnen sich meistens durch das heitere, vom Zwillinge-Mann stammende Element aus, das geschickt gekoppelt ist mit einem von der Mutter stammenden Ehrgeiz, der jedoch nur selten die Form des Strebertums annimmt.

Die Jungfrau-Frau und der Krebs-Mann

Hier kann es erhebliche Schwierigkeiten geben. Der Krebs-Mann ist zwar im allgemeinen sehr attraktiv und stark und somit genau der Typ, auf den die Jungfrau-Geborene fliegt, aber sie ist andererseits eine besitzanzeigende Frau, die nie bereit ist, das, was sie für ihren Besitz hält, mit einem anderen zu teilen. Ein echter

Krebs läßt sich aber nicht besitzen. Vielmehr versteht er es, diese Partnerin zu genießen, eine Zeitlang auf Händen zu tragen, dann aber als unbequem und zu schwierig wieder abzuschieben.

Mit einem Krebs-Mann kommt die Jungfrau-Geborene nur dann zurecht, wenn sie stark genug ist, um in ihm Verantwortungsgefühl zu wecken, und wenn es ihr gelingt, ihn vor den Standesbeamten zu ziehen. Als verheirateter Mann ist der Krebs-Partner nämlich nicht mehr so schwierig. Jetzt entwickelt er erstaunliche Häuslichkeit, genießt es sogar, daß seine Partnerin ihn als das Wichtigste in seinem Leben betrachtet, rasselt nicht mehr an der viel zu kurzen Kette und sorgt seinerseits dafür, daß die Jungfrau-Geborene das Gefühl hat, nun endgültig Sicherheit und Geborgenheit gefunden zu haben.

Als Team sind diese beiden Partner kaum zu schlagen. Sie schaffen sich sehr schnell und konsequent eine adäquate Umgebung, haben meist sehr früh eine große Familie und halten in jeder Beziehung zusammen.

Der Krebs, sonst nicht unbedingt gegen die zarten Versuchungen anderer gefeit, bekennt sich ganz zu seiner Jungfrau-Partnerin, weil er in ihr die positiven Seiten erkennt, nämlich Wärme, Herzlichkeit, Treue und Verantwortungsgefühl.

Die Kinder der Jungfrau-Geborenen und des Krebs-Mannes sind meistens eine sehr gelungene Mischung ihrer Eltern, sie sind der Tradition verhaftet, bodenständig und wißbegierig. Darüber hinaus sind sie jedoch oft toleranter und in ihrer Denkweise großzügiger als die meist recht konservativen Eltern.

Die Jungfrau-Frau und der Löwe-Mann

Ganz so ideal wie die Bindung zu einem Zwillinge-Mann ist die zum Löwe-Partner zwar nicht, trotzdem kann ihr zugestimmt werden. Der Löwe hat nämlich eine ganze Reihe von jenen Qualitäten, die eine Jungfrau-Eva voraussetzt, wenn sie sich an einen Menschen binden soll. Er ist stark, steht über den Dingen, gibt ihr Sicherheit, verteidigt sie, hält den Alltag von ihr fern und trägt sie sogar auf Händen.

Warum es trotzdem so oft kriselt? Weil sich ein echter Löwe nun einmal nicht bändigen läßt. Da kann die Jungfrau-Partnerin versuchen, was sie will, seine Freiheit, seine Unabhängigkeit wird sich der Löwe-Geborene auch dann noch bis zu einem gewissen Grad bewahren, wenn man längst die Ringe getauscht hat. Daran hat die Jungfrau-Eva oft ein Leben lang zu tragen. Sie kann und will nicht einsehen, daß ihr Löwe-Partner Spielraum und Bewegungsfreiheit braucht.

Nur eine sehr tolerante Jungfrau-Geborene wird mit einem Löwe-Partner ideales Lebens- und Liebesglück finden. Üblicherweise kriselt es und kommt oft erst nach mehreren Ehejahren zu sehr heftigen Auseinandersetzungen, in den seltensten Fällen aber zur endgültigen Trennung.

Daß man auch dann noch zusammenbleibt, wenn es nicht mehr auf der ganzen Linie stimmt, ist eher ein Verdienst der Jungfrau-Geborenen, die viel zu konservativ und dem Erarbeiteten viel zu verhaftet ist, um es wieder aufs Spiel zu setzen oder gar für eine neue Bindung aufzugeben.

Die Kinder des Löwe-Mannes und der Jungfrau-Geborenen vereinen auf sich den Stolz ihres Vaters, seinen Mut und seine Zuversicht, sowie von der Mutter den Arbeitseifer und die Zuverlässigkeit, so daß sie mit großer Wahrscheinlichkeit im Leben erfolgreich sind.

Die Jungfrau-Frau und der Jungfrau-Mann

Das ist eine Bindung, die nicht unbedingt empfehlenswert ist. Es ist keineswegs so, daß sich die Jungfrau-Frau und ihr Partner aus dem gleichen Sternzeichen zu ähnlich sind. Vielmehr liegen die Schwierigkeiten darin, daß sich der Jungfrau-Geborene meistens sehr spät voll entwickelt.

Wenn diese beiden Partner aufeinander getroffen sind und sich gegen alle Wahrscheinlichkeit doch mehr als eine Freundschaft entwickelt, dann wird es in den ersten Jahren immer die Jungfrau-Geborene sein, die den Ton angibt. Sie wird die Richtlinien für das gemeinsame Sexualleben setzen, sie wird die Entscheidungen treffen, sie wird ihren Partner bemuttern. Er wird sich das zwar eine Reihe von Jahren gefallen lassen, irgendwann einmal jedoch aufbegehren. Er wird sich dann fragen, wer eigentlich der Herr im Haus ist und wo all die Jahre geblieben sind, die er bereits hinter

Die echte Jungfrau ist immer pünktlich

sich gebracht hat. Erreicht haben werden nämlich diese beiden erstaunlicherweise nicht viel.

Sie sind jeder für den anderen so etwas wie ein Hemmschuh. Der Jungfrau-Mann sorgt dafür, daß sich seine Partnerin nie ganz wohl, nie ganz behütet, nie ganz sicher fühlt. Andererseits glaubt sie, immer auf ihn aufpassen zu müssen und mit für seine Karriere verantwortlich zu sein. So hindert sie den Jungfrau-Partner daran, ein ganzer Mann zu sein, Selbstbewußtsein zu entwickeln und somit auch berufliche Erfolge erringen zu können.

Es ist nicht überraschend, wenn aus Statistiken hervorgeht, daß gerade die Ehe zwischen diesen beiden Vertretern des gleichen Sternzeichens in die Brüche geht, weit häufiger als andere. Das mag man bedauern. Beide haben jedoch aus den gemeinsamen Jahren gelernt und gehen nun Bindungen ein, die sehr viel erfolgversprechender sind. Die Kinder dieser Jungfrau-Ehe sind häufig sehr komplexe, schwierige Wesen, die als arrogant und als zu ehrgeizig bezeichnet werden, weil sie ihre gefühlsbetonte Seite nicht zu zeigen vermögen.

Die Jungfrau-Frau und der Waage-Mann

Solange zwischen diesen Partnern nur Freundschaft existiert, ist alles in Ordnung. Man versteht sich, hat seinen Spaß, entwickelt gemeinsame Interessen und freut sich an der gegenseitigen Anziehungskraft.

Wird aus der Freundschaft aber mehr und kommen zum Spaß auch Pflichten, dann beginnt ein schwieriger Prozeß gegenseitiger Anpassung. Die Jungfrau-Geborene neigt jetzt besonders dazu, dem Waage-Mann sagen zu wollen, wo es lang geht. Er wiederum ist ein Mensch, der sich das nicht bieten läßt und trotzig genau das Gegenteil von dem tut, was sie sich wünscht.

Heftigste Auseinandersetzungen sind also unvermeidlich. Nichtsdestotrotz gilt, mit jedem Krach kommt man einander näher. Der Waage-Mann wird zu erkennen beginnen, daß er in seiner Jungfrau-Partnerin eine prächtige Gefährtin hat, wenn er sie nur richtig behandelt. Er wird es lernen, ihr die notwendige Bestätigung zu geben und hin und wieder einmal nachzugeben, wenn er ihren Kritikgeist nicht zu sehr herausfordern möchte.

Das beste Bindeglied zwischen diesen beiden Partnern sind gemeinsame Kinder. Einer Ehe kann also durchaus zugestimmt werden, wenn der Wunsch nach einer Familie auf beiden Seiten vorhanden ist. Beide Partner werden an den Kindern ihre Freude haben, werden dadurch noch mehr Verantwortung entwickeln und sich gegenseitig noch mehr tolerieren. Auch wird der Waage-Mann beginnen, seine polygamen Tendenzen zu unterdrücken, weil er schnell erkennt, daß er durch einen leichtfertigen Seitensprung die Liebe seiner Jungfrau-Partnerin endgültig verlieren würde.

Die aus dieser Bindung hervorgehenden Kinder sind meistens sehr lebhaft, sehr viel weniger ängstlich als die Mutter, weniger schwankend als der Vater und Persönlichkeiten, die überall ankommen, ohne große Schwierigkeiten ihren Weg machen und in einer Gruppe immer den Ton angeben.

Die Jungfrau-Frau und der Skorpion-Mann

Das ist eine Beziehung, der hundertprozentig zugestimmt werden kann. Der Skorpion-Mann mag nämlich entweder nur solche Frauen, die stark genug sind, um ihm Respekt abzuverlangen, oder aber solche, die sich ihm ganz anpassen, sogar unterordnen. Letzteres ist die Rolle, die die Jungfrau-Partnerin bei diesem Mann freiwillig übernimmt.

Die Jungfrau-Geborene sieht in dem Skorpion-Mann den starken, Halt bietenden Partner, an dessen Seite sie freiwillig die weibliche Rolle spielt. Auch erkennt sie an, daß es ihr nicht gelingen wird, durch Stärke oder Kraft den Respekt dieses Mannes zu erringen. Sie ahnt, daß sie für ihn anschmiegsam und zärtlich sein muß, wenn die Bindung bestehen bleiben soll. Sie tut es aus einem ganz bestimmten Grund: Der Skorpion-Mann entwickelt gerade dieser Partnerin gegenüber sehr starke Beschützerinstinkte, und das ist ja genau das, was sich die Jungfrau-Geborene wünscht.

Ohne Schwierigkeiten, ohne Klippen ist eine Ehe allerdings nicht. Der Skorpion-Mann wird plötzlich erkennen, daß seine liebe, anschmiegsame Jungfrau-Geborene auch Haare auf den Zähnen hat. Jetzt muß alles nach ihrem Willen gehen. Wenn er sich hier nicht behauptet und seine ursprüngliche Position zurückerobert, bleiben die Schwierigkeiten bestehen. Schafft er es aber, wird sich die Jungfrau auch wieder anpassen. Sie wird zwar für sich Ordnungsliebe und Pünktlichkeit in Anspruch nehmen, wird aber nicht unbedingt verlangen, daß sich ihr Partner nach diesen für sie typischen Wesensarten richtet. Somit stehen die Chancen wieder recht günstig.

Auch zur gemeinsamen ehelichen Treue zeigen sich diese beiden Partner bereit. Das ist jedoch gar nicht so verwunderlich. Die Jungfrau-Geborene neigt zur Monogamie, während der Skorpion-Mann zur gleichen Haltung finden wird, weil er recht bald erkennt, daß es nur sehr wenige Frauen gibt, die seiner Jungfrau in sexueller Beziehung das Wasser reichen können.

Die von diesen beiden Partnern stammenden Kinder sind meist fröhlich und ausgeglichen, neigen überraschenderweise aber zur Verantwortungslosigkeit. Das Pflichtbewußtsein der Mutter vererbt sich nur selten auf sie.

Die Jungfrau-Frau und der Schütze-Mann

Größere Gegensätze als die beiden gibt es schwerlich. Die Jungfrau-Geborene verkörpert all jene Tugenden, die dem Schütze-Mann fehlen: Treue, Stabilität, Ehrgeiz, Pflichtbewußtsein. Ob er sich gerade deshalb so zu dieser Frau hingezogen fühlt? Fest steht jedenfalls, daß die gegenseitige Anziehungskraft überdurchschnittlich groß ist. Auch die Jungfrau-Geborene sieht in dem Schütze-Mann durchaus einen passenden Partner, trotz aller Widersprüche. Sie glaubt, ihn auf den rechten Weg führen zu können und entwickelt diesem Mann gegenüber so etwas wie Mutterinstinkte. Hier möchte sie die Rolle des Beschützers übernehmen.

Auf Dauer ergeben sich hieraus erhebliche Schwierigkeiten. Irgendwann wird die Lebensangst der Jungfrau-Geborenen wieder durchbrechen. Sie wird sich fragen, ob sie an der Seite eines so instabilen Mannes Ruhe und jene Sicherheit findet, ohne die sie nicht auskommen kann. So beginnt sie dem Schütze-Partner Vorwürfe zu machen. Die kann dieser wiederum nicht vertragen. Auch ihre ständige Kritik an seinen Mißerfolgen fallen ihm auf die Nerven. Es kommt sehr oft, wie es kommen muß: man lebt sich mehr und mehr auseinander.

Zu einer Dauerbindung kann das Ganze werden, wenn sehr früh eigene Kinder die beiden ungleichen Partner aneinander ketten. Eine einfache Bindung wird es aber auch dann nicht.

Hinzu kommt ferner, daß es der Schütze-Geborene einfach nicht lernt, sich auf eine Frau zu konzentrieren. Er wird es vielleicht nicht einmal dabei bewenden lassen, sie nur zu bewundern.

Die Kinder dieses ungleichen Paares sind häufig schwierig, weil sie den übergroßen Ehrgeiz der Mutter mit einer gewissen Leichtfertigkeit von seiten des Vaters vereinen und somit selbst nicht recht wissen, was sie wollen. Sie haben allerdings auch eine unbekümmerte, leichte Ader, die ihnen wieder so manchen Weg ebnet.

Die Jungfrau-Frau und der Steinbock-Mann

Sie geben hervorragende Freunde ab, ergänzen und verstehen sich. Sie können einander trösten, einander Hoffnung machen und Zärtlichkeit geben. Trotzdem sind sie kein ideales Paar.

Die Jungfrau-Geborene und der Steinbock-Mann sind sich in ihren Zielen zu ähnlich, um gute Partner füreinander zu sein. Beide suchen Sicherheit und Geborgenheit, beide suchen eine Führerperson, an die sie sich halten können. Kein Wunder also, daß jeder für sich an der Seite des anderen so etwas wie Einsamkeit verspürt und das Gefühl hat, im luftleeren Raum zu leben. Es gibt allerdings auch hier Ausnahmen. Wenn die beiden Partner schon in den reiferen Jahren sind, eine Reihe von Erfahrungen hinter sich gebracht und gelernt haben, mit beiden Beinen im Leben zu stehen, ist einer Dauerbindung durchaus zuzustimmen. Dann nämlich hat jeder für sich bereits die Erfahrung gesammelt, daß er auch allein zurechtkommen kann, und empfindet den anderen als Bereicherung, nicht aber als Verpflichtung.

Auf körperlichem Gebiet versteht man sich überdurchschnittlich gut, so daß auch hier die Möglichkeit gegeben ist, manche andere Schwierigkeit zu überbrücken.

Die aus dieser Bindung stammenden Kinder repräsentieren die Ähnlichkeit der Eltern. Auch sie sind schutzbedürftig und anschmiegsam und brauchen sehr viel Zuwendung, wenn sie sich im Leben zurechtfinden sollen.

Die Jungfrau-Frau und der Wassermann

Anfangs ist alles in Butter. Man versteht sich, ergänzt sich und ist glücklich miteinander. Schneller als andere Partner finden diese beiden zueinander und gehen oft kopflos eine Dauerbindung ein. Das böse Erwachen kommt häufig später.

Der Wassermann ist ein Traumtänzer, der seine Luftschlösser baut, sich Illusionen hingibt und es zu spät begreift, daß die Jungfrau-Partnerin Tatsachen braucht, festgefügte Realitäten, um sich sicher zu fühlen. Man streitet sich zunächst wegen der geringfügigsten Kleinigkeiten, um dann leider auch bald zu erkennen, daß die große Linie nicht mehr stimmt. Die Besitzansprüche der Jungfrau-Geborenen fallen dem freien Wassermann schnell auf die Nerven, so daß er früh versuchen wird, sich davon zu befreien. Die Scheidungsrate bei diesen beiden Partnern ist ungewöhnlich hoch.

Allerdings bestätigen auch hier Ausnahmen die Regel. Es gibt durchaus harmonische Ehen zwischen einer Jungfrau-Geborenen und einem Wassermann. Voraussetzung dafür ist jedoch, daß die Jungfrau tolerant und der Wassermann einigermaßen pflichtbewußt ist. Dann kann man sich durchaus etwas Gemeinsames aufbauen.

Es ist jedoch fraglich, ob in diesem Fall zu Kindern zu raten ist. Eine große Unsicherheit bleibt nämlich immer bestehen. Das liegt unter anderem daran, daß der Wassermann intensiver als die meisten anderen Sternzeichen-Vertreter seine Midlife-Krise durchmacht und zu diesem Zeitpunkt gern noch einmal aus der Dauerbindung ausbricht.

Die aus dieser schwierigen Bindung stammenden Kinder sind oft überraschend harmonisch, ausgeglichen und fröhlich. Von der Mutter haben sie darüber hinaus Pflichtgefühl und Ordnungssinn geerbt.

Die Jungfrau-Frau und der Fische-Mann

Wieder einmal handelt es sich um recht ungleiche Partner. Der Fische-Mann legt sich nicht gern fest, er tummelt sich gern ungebunden und kommt andererseits – und hier liegt das Paradoxe

Eine Jungfrau-Frau putzt sehr gründlich

– aus den Netzen der Jungfrau-Geborenen doch nie wieder so richtig frei.

Die Erklärung dafür liegt auf der Hand: Der Fische-Mann braucht eine Frau wie die Jungfrau-Geborene, um überhaupt vorwärts zu kommen. Er braucht einen zuverlässigen Menschen, der gleichzeitig Wärme bedeutet, Häuslichkeit, eine Zukunft. Die Jungfrau-Geborene weiß das. Deshalb ist sie ja auch mit diesem Partner toleranter als mit allen anderen. Sie weiß ganz genau, daß er immer wieder zu ihr zurückkehren wird. Auch dann, wenn er wiederholt versucht, endgültig auszubrechen. Natürlich gibt es unter diesen Bedingungen Auseinandersetzungen und Kämpfe. Beide Partner müssen lernen zu verzeihen und sich anzupassen. Überraschenderweise kommt es nur ganz selten zu einer endgültigen Trennung. Viel häufiger ist es, daß man sich buchstäblich zusammenrauft, sich sogar bis zu einem gewissen Grad angleicht und mit jedem Jahr nicht gleichgültiger, sondern eher harmonischer wird.

Lernt es die Jungfrau-Geborene darüber hinaus, gelegentliche Flirts des Partners zu ignorieren, konzentriert sie sich vielmehr auf die positiven Seiten ihres Fische-Partners, seine Heiterkeit, seinen Optimismus und seine Zuversicht, dann kann sie an seiner Seite durchaus glücklich werden.

Auch die Kinder, die aus dieser Bindung stammen, sind oft sehr ausgeglichen, fröhlich und erstaunlich belastbar.

So süß ist die Jungfrau-Frau, wenn sie verliebt ist

Die Jungfrau-Eva ist ein Labyrinth, ein Paradoxon sich zum Teil widersprechender Gefühle. Sie ist romantisch und hat meist jenen magischen Gang, der Männer elektrisiert. Ihr Körper telegrafiert ein erotisches Wissen, eine erotische Ausstrahlung, die oft gar nicht mit ihrem Verstand Hand in Hand gehen. Kein Wunder, daß diese Frauen so schwierig und so komplex sind. Zwischen dem, was ihr heißer Körper ihnen diktiert und dem, was der kühle Verstand eigentlich möchte, klaffen oft große Abgründe.

Die verliebte Jungfrau-Geborene ist nicht mehr halb so schwierig wie jene, deren Gefühlshaushalt gerade einmal nicht auf Hochtouren läuft. Normalerweise nämlich ist diese Sternzeichen-Vertreterin ein Ausbund an Tugend, an guten Eigenschaften, an Wissen und Können. In ihrer Gegenwart traut man sich weder zu kritisieren noch Fehler zu riskieren. Man fühlt sich an der Seite einer dermaßen ausgeprägten Perfektionistin nicht ganz vollständig und verliert seine Sicherheit. Nicht aber so, wenn die Jungfrau-Dame liebt. Dann ist sie tolerant, gibt Fehler zu, vor allem aber: dann macht sie endlich einmal welche. Sie gibt sich bedingungslos, ohne zu fragen, unter Ausschaltung ihres Verstandes.

Trotzdem darf eines nicht mißverstanden werden. Die liebende Jungfrau ist, auch wenn ihr Herz in Flammen steht und sie alle Vernunft beiseite läßt, keineswegs am Arbeitsplatz plötzlich unverantwortlich oder gar nachlässig. Ganz im Gegenteil, die Liebe beflügelt sie. Sie strahlt jetzt sehr viel mehr innere Harmonie aus, sehr viel mehr Herzlichkeit und menschliche Wärme. Andererseits ist sie von noch größerer Energie als sonst, wenn es darum geht, die anfallende Arbeit zu bewältigen.

Das spricht wiederum für ihren Verstand. Sie sagt sich, daß sie um so mehr Zeit für ihren Geliebten aufbringen kann, je schneller sie mit der Arbeit fertig wird. Auch hat sie die seltene Fähigkeit, Berufliches und Privates hundertprozentig zu trennen. Wie kaum eine andere Sternzeichen-Vertreterin schafft sie es, sich zwar einerseits auf die Liebe zu konzentrieren, andererseits aber voll da zu sein, wenn es um berufliche Ansprüche geht.

Süß ist die liebende Jungfrau noch in einer anderen Beziehung: Sie, die doch sonst so korrekt ist, so kühl, so zurückhaltend, zeigt jetzt ein ganz erstaunliches Temperament, das fast mit Wildheit gleichgesetzt werden kann. Man erkennt sie kaum wieder. Sie ist ein Wirbelwind an Energie, Ausstrahlungskraft und Erotik. Kein Wunder, daß sie im allgemeinen gleich mehrere Verehrer entflammt. Da jedoch gerät sie in Schwierigkeiten. Da sie durchaus eingleisig veranlagt ist, liegt es ihr nicht, nun aus dem Vollen zu schöpfen. Andererseits jedoch ist sie eine Perfektionistin. Auch ein klein wenig dann noch, wenn sie in Flammen steht. Somit fragt sie sich jetzt, welcher von diesen Herren ist der beste für mich.

Im allgemeinen siegt jedoch, da die Jungfrau sich nicht nur der Liebe, sondern auch dem Liebenden verschreibt, der berühmte Erste, von dem sie, weniger als andere, nie so recht loskommt.

Das ist der Partner, den die Jungfrau-Frau braucht

Die Jungfrau-Circe braucht einen Mann, der in jeder Beziehung perfekt ist. Darüber hinaus hat er charmant zu sein, sensitiv, außerordentlich fleißig, ehrlich und fähig. Sie mag einen Mann, der ein Spiegelbild ihrer selbst ist, darüber hinaus mehr Flair hat als sie selbst, mehr Humor und mehr Spontaneität. Letzteres sind Fähigkeiten und Qualitäten, die sie bewundert und oft selbst nicht hat.

Obwohl sie durchaus einmal einen Mann tolerieren kann, der all diese Vorzüge nicht aufweist, sie dafür aber sehr braucht, ist sie im allgemeinen doch am besten aufgehoben bei einem Partner, der kompetent und sicher ist sowohl in seinen Umgangsformen als auch in seinem sexuellen Können. Sie wird ihn nicht respektieren, wenn er nicht hart arbeitet, legt darüber hinaus aber Wert darauf, daß er auf sexuellem Gebiet feurig und empfindsam ist und dafür sorgt, daß sie bei der Liebe nicht zu kurz kommt.

Die Jungfrau-Geborene braucht einen Mann, der tolerant ist und entgegenkommend. Da sie selbst eine Frau ist, die nicht ausspannen kann, braucht sie einen Mann, der sie mitunter ein wenig stoppt, der dafür sorgt, daß sie auch einmal zur Ruhe kommt und der verhindert, daß sie zu viele Energien verbraucht. Sie braucht kurzum einen Partner, der ausgeglichen ist und so viel Ruhe ausstrahlt, daß es ihr an seiner Seite gelingt, wenigstens am Wochenende Kraft zu sammeln. Trotzdem muß ihr Partner, wenn sie ihn ein Leben lang respektieren soll, vital sein, weniger kritiksüchtig als sie und sehr human.

Die Jungfrau-Geborene zieht einen Mann vor, der konsequent ist und in jeder Beziehung ehrlich. Sie möchte weder einen

Abenteurer noch einen Charmeur ohne Hintergrund. Playboys liegen ihr nicht. Ihr ist ein Mann dann wichtig, wenn sie ihm hundertprozentig vertrauen kann und wenn sie merkt, daß er ihre mannigfachen Qualitäten zu schätzen weiß.

Sie schätzt einen Partner, der bemüht ist, Verständnis für sie aufzubringen. Dieser Partner muß ihr helfen, sich zu öffnen und sollte empfindsam genug sein, um ihre unterschiedlichen Gefühle und Stimmungsschwankungen zu verstehen. Auch sollte er sich nicht seiner eigenen Gefühle schämen. Sie braucht einen Mann, der ihr hilft, ihre nervöse Intensität in so etwas wie eine brennende Liebe zu verwandeln, an der sie sich jedoch nicht versengen sollte.

Sie braucht einen Mann, der Freiheit versteht und sie ihr gibt, die Jungfrau-Geborene braucht nämlich durchaus ihre Freiräume, ihre private Sphäre und ihre Zeit für sich allein.

Alles in allem braucht die Jungfrau-Eva einen Partner, der sauber, gepflegt, gut gekleidet, zuverlässig und darüber hinaus eine Persönlichkeit ist, mit der man sich zeigen kann. Das muß nicht unbedingt der bestaussehende Mann sein, er muß aber nicht nur auf sie, sondern auch auf andere wirken. Fragt man sie, welchen Mann sie sich wirklich wünscht, dann kommt jedoch eine ganz andere Antwort. Im allgemeinen sagt sie dann im Brustton der Überzeugung: „Dazu kann ich mich nicht äußern, ich lasse mich ganz von meinen Gefühlen leiten.“ Aber das ist auch Jungfrau-typisch, denn noch nie hat sie es verstanden, zwischen Verstand und Gefühl einen klaren Trennstrich zu ziehen.

Was Jungfrau-Frauen lernen müssen, um noch glücklicher zu sein

Die Jungfrau-Geborene, die noch glücklicher durchs Leben gehen möchte als bisher, sollte in erster Linie lernen, daß Liebe weit mehr ist als Sex. Ihre eigenen Begrenzungen in dieser Beziehung muß sie durchbrechen, was sie nur schafft, wenn sie das sowohl vom Verstand als auch vom Gefühl her tut.

Da die Jungfrau-Geborene besonders intensiv vom Verstand beherrscht wird und lange braucht, bis sie den ausgeschaltet hat, wenn sie sich in eine romantische Stimmung versetzen möchte, sollte sie eine Reihe von Dingen beachten, die ihr helfen, die vom Intellekt errichteten Barrieren zu durchbrechen.

- Schicken Sie Ihrem Freund oder Ihrem Liebhaber einmal ein selbstgemachtes Gedicht.
- Nehmen Sie Ihren Partner einmal ganz unerwartet in die Arme und warten Sie nicht immer darauf, bis er es bei Ihnen tut.
- Machen Sie ihm einmal ein Kompliment. Wenn Sie ihn dabei gleichzeitig streicheln, um so besser.
- Kaufen Sie ihm ein neues Rasierwasser oder ein neues Eau de Toilette. Um Ihre eigene Nase geht es dabei auch, Sie wissen ja selbst, wie empfindlich Sie in dieser Beziehung sind.
- Erzählen Sie ihm einmal frei von der Leber weg von Ihren erotischen Phantasien. Vielleicht bringt ihn das auf Ideen.
- Schlagen Sie einmal mitten in der Nacht einen Spaziergang im Mondschein vor.
- Seien Sie ruhig in seiner Gegenwart albern und ausgelassen. Sie ahnen gar nicht, wie gut Ihnen das steht.
- Ziehen Sie sich einmal für ein simples Mittagessen besonders raffiniert an.

- Lassen Sie ihn mehr als bisher auch an dem teilhaben, was Ihnen durch den Kopf geht. Lesen Sie ihm beispielsweise aus Ihrem Lieblingsbuch vor.
- Besuchen Sie mit ihm Ihre Freundinnen und Freunde. Er kennt zu wenig von Ihnen, wenn Sie sich immer nur Ihren eigenen Kreis aufbauen, zu dem er keinen Zutritt hat.
- Hören Sie einmal zusammen Ihre Lieblingsplatten.
- Waschen Sie ihm einmal den Kopf – ganz zärtlich, versteht sich.
- Tanzen Sie mit ihm wieder so wie in der „guten alten Zeit“, nämlich langsam, eng umschlungen.
- Falls Sie Schwierigkeiten oder Probleme mit der Figur haben, ersetzen Sie einmal das Frühstück, das Mittagessen oder das Abendbrot durch die Liebe.

Test: Sind Sie anfällig für die Verlockungen des starken Geschlechts?

Natürlich gibt es Frauen, die nie auf den Gedanken kämen, sich irgendwann einmal einen Liebhaber zu nehmen. Andere Frauen wieder phantasieren nur von Affären, die sie jedoch nie eingehen. Wieder andere sind so sehr ihrer Kinderstube und ihrer Erziehung verhaftet, daß sie sich nur nach dem richten, was andere von ihnen erwarten und verlangen. Sie geben dann nicht zu, daß sie im Grunde ihres Herzens gelangweilt, frustriert und unerfüllt sind.

Hier ist die Jungfrau-Geborene die große Ausnahme. Sie gesteht es sich zumindest ein, wenn sie mit ihrer Ehe oder ihrem Partner nicht mehr zufrieden ist. Sie nimmt dann schon mal entschlossen ihr Leben in die Hände und formt so lange daran herum, bis sie wieder einigermaßen zufrieden sein kann.

Hat sie bereits eine Reihe von Sicherheiten geschaffen und ist eine Familie vorhanden, tut sie sich mit einem solchen Schritt begreiflicherweise erheblich schwerer. Sie wägt ganz genau ab, läßt erst den Verstand und danach das Gefühl sprechen. Es müssen aber viele Voraussetzungen erfüllt sein, ehe sie sich entschließt, wirklich einen Seitensprung zu begehen.

Wie ist das eigentlich bei Ihnen? Sind Sie eine Jungfrau-Geborene, die in einer ganz bestimmten Situation ebenfalls die eheliche Treue vergessen könnte? Testen Sie das doch einmal. Die folgenden Dinge müssen zusammenkommen, bevor Sie Ihren Prinzipien untreu werden.

Nr. 1: Mangel an Perfektionismus

Die Jungfrau-Geborene heiratet oft eine Illusion der Perfektion in Liebe und Romantik. Sie erwartet alles. Stellt sie jedoch fest, daß irgendeine Kleinigkeit an ihrem vermeintlich so perfekten Ehegatten nicht stimmt – das kann sein Geruch sein, seine Frisur, die Art, wie er sich bewegt –, verliert er in ihren Augen sehr schnell an Glanz. Sie wird unruhig und gibt sich leicht der Illusion hin, bei einem andern Mann wieder jenen Perfektionismus zu finden, der in den eigenen vier Wänden verlorengegangen ist.

In einem solchen Fall sucht sie sich einen neuen Partner mit großer Sorgfalt aus, erkennt meistens jedoch schon bald, daß er auch nicht besser, nicht aufregender ist als der ursprüngliche. Meistens kehrt sie reumütig in den Schoß der Familie zurück, klug genug, aus der Eskapade kein Drama zu machen. Sie behält die Einzelheiten des Seitensprungs für sich.

Nr. 2: Mangel an Intimität

Die Jungfrau-Geborene ist eine sehr empfindliche Frau. Wie kaum eine andere hat sie oft das Bedürfnis, sich auch vor ihrem Partner zu verschließen und mit ihrem Innenleben allein zu sein. Dazu gehört, daß sie ihre Lebensangst nicht gern mit anderen teilt, sie befürchtet dadurch an Gesicht zu verlieren. Hat sie nun aber einen Ehemann, der Wert darauf legt, seine bessere Hälfte ganz zu kennen und mit bohrenden Fragen in sie zu dringen, dann kann sie sich unter diesen Bedingungen von ihm abwenden.

Sie sucht sich dann ganz konsequent einen möglichst leichtlebigen, ja leichtsinnigen und oberflächlichen neuen Partner, mit dem sie recht unbedenklich nur sexuelle Freuden teilt, nicht aber mehr oder gar Liebe. Bei diesem Partner gefällt ihr in erster Linie, daß er sie, von den gemeinsamen Zärtlichkeiten abgesehen, weitgehend in Ruhe läßt.

Jungfrauen arbeiten lange

Nr. 3: Pragmatismus

Erkennt die Jungfrau-Geborene, daß sie sich an einen Mann gehängt hat, der ein geborener Verlierer ist, dann ist sie durchaus in der Lage, sich schnell von ihm abzunabeln. Sie ist keine Frau, die lange mit einem Mann auskommen kann, den sie nicht mehr respektiert. Auch ist sie pragmatisch und sagt sich, daß sie es immer noch besser treffen kann als im Moment. Systematisch sucht sie sich einen Partner, von dem sie glaubt, daß er ihr größere Sicherheit und im Leben ganz einfach eine bessere Position verschaffen kann. Das stellt meistens eine ernsthafte Gefährdung ihrer Ehe dar, denn sie ist bereit, für diesen neuen Partner – wenn sie ihn einmal gefunden hat – den alten endgültig aufzugeben. Sie ist dann auch bereit, zumindest vorübergehend finanzielle Einbußen hinzunehmen und ihre gesamte Sicherheit aufzugeben. Das tut sie jedoch nur, weil sie überzeugt ist, sich das mit dem neuen Mann alles wieder aufbauen zu können.

In diesem Fall ist kaum damit zu rechnen, daß sie zum ursprünglichen Partner zurückkehrt. Vielmehr ist die Trennung endgültig, auch wenn das mit erheblichen Schwierigkeiten verbunden war.

Nr. 4: Suche nach einer perfekten Liebe

Die so sehr auf Vollkommenheit bedachte Jungfrau-Geborene verlangt auch im Bett das Beste. Ist sie an einen Partner geraten, der ihr nicht bieten kann, was sie sich vorgestellt hat, dann zeichnet sich ein Seitensprung ab. Ist sie jedoch bei dem ersten Mann ihres Lebens hängengeblieben und fehlen somit die Vergleichsmöglichkeiten, dann ist ihre Ehe noch lange nicht dadurch gefährdet, daß sie einen Partner bekommen hat, der vielleicht nicht der beste Liebhaber aller Zeiten ist.

Ernsthaft gefährdet ist sie jedoch dann, wenn die Jungfrau-Eva vergleichen kann und sich eingestehen muß, daß sie auf erotischem Gebiet nicht gerade einen Volltreffer gelandet hat. Sie wird unruhig und beginnt, sich nach jenen Erfahrungen zu sehnen, die sie vor ihrer Ehe gemacht hat. Sie macht jetzt ihre Stichproben, ihre Versuche. Gerät sie dabei an einen Mann, der ihr auf erotischem Gebiet weit mehr bieten kann, als der eigene, dann kann es sein, daß sie dafür – zumindest vorübergehend – ihre Sicherheit aufs Spiel setzt.

Meistens ist ein solcher Seitensprung jedoch nicht von Dauer. Die Jungfrau-Geborene gesteht sich irgendwann einmal ein, daß die Bequemlichkeiten des Alltagslebens doch wichtiger sind, als die aufregenden Erfahrungen einer Affäre. Auch in diesem Fall kehrt sie meist reumütig zu ihrem ursprünglichen Partner zurück.

Nr. 5: Erotische Zweifel

Wie kaum eine andere Frau neigt die Jungfrau-Eva dazu, sich für nicht kompetent zu halten, an sich selbst zu zweifeln.

Sie mag sich beispielsweise immer wieder fragen: bin ich überhaupt noch attraktiv? Ziehe ich noch andere Männer an, interessieren sich noch andere für mich? Wenn diese Fragen zu bohrend in ihr werden und wenn sie keinen Partner hat, der ihr diese immer wieder positiv bestätigt, dann kann es sein, daß sie sich aus diesen Zweifeln heraus an andere Männer wendet. In einem solchen Fall ist es ihr recht unwichtig, wie die neuen Partner beschaffen sind. Wichtig ist ihr lediglich, daß sie von ihnen jene Komplimente hört, nach denen sie sich so sehnt.

Von Dauer sind diese Affären meistens nicht, jedenfalls nicht die Einzelbeziehungen. Es kann allerdings sein, daß die Untreue nun zu einem Reigen von Eskapaden führt.

Nr. 6: Neugier

Die rein technischen Aspekte der Liebe interesssieren die Jungfrau ganz besonders. Mit beinahe analytischem Verstand geht sie auch an das Intimleben heran. Ist sie aber da an einen Mann gebunden, der ihr nichts zu bieten vermag, dann erwacht die bei ihr überdeutlich ausgeprägte Neugier. Jetzt möchte sie wissen, wie es mit anderen sein könnte.

Wenn sie sich unter diesen Bedingungen einen Liebhaber nimmt, dann ist das meistens ein Mann, der sehr viel jünger ist als sie selbst. Von ihm verspricht sie sich mehr Vitalität, mehr erotisches Können. Meistens stellt sie dann jedoch fest, daß sie sich in dieser Beziehung geirrt hat, so daß sie häufig als Extrem dazu einen neuen Partner wählt, der nun wiederum sehr viel älter ist als sie selbst und über mehr Erfahrung verfügt.

Hier kann es leicht geschehen, daß ihre Neugierde irgendwann befriedigt ist, so daß sie ohne große Schwierigkeit zu ihrem ursprünglichen Partner zurückkehrt und dort ein Leben lang zufrieden ausharrt.

Auswertung

Wenn Sie ein oder zwei Fragen mit einem Ja beantworten mußten: Es ist kaum damit zu rechnen, daß Sie aus Neugierde, Leichtsinn oder Langeweile heraus Ihre Ehe und Sicherheit aufs Spiel setzen. Vielmehr sind Sie eine Jungfrau-Geborene, die realistisch genug ist, um sich mit dem, was sie hat, abzufinden und zufriedenzugeben.

Wenn Sie drei oder vier Fragen mit einem Ja beantworten mußten: Bei Ihnen kann es durchaus passieren, daß Sie Ihren Prinzipien untreu werden und den Verlockungen des starken Geschlechts erliegen. Das geschähe aber nicht von ungefähr. Vielmehr wäre das bei Ihnen ein ganz bewußter Akt, den Sie aus Neugierde oder Leidenschaft begehen würden. Unausweichlich ist dieser Schritt jedoch keineswegs. Es wäre Ihnen anzuraten, einmal in einer ruhigen Stunde die Plus- und Minusseiten Ihrer jetzigen Situation aufzuzeichnen.

Wenn Sie fünf oder sechs Fragen mit einem Ja beantworten mußten: Ihre Ehe hängt nur noch an einem seidenen Faden, zumindest Ihre eheliche Treue. Sie sind sozusagen auf dem Sprung. Sie warten nur noch auf die beste Gelegenheit, um sich einen erotischen Traum zu erfüllen, den Sie schon sehr lange hatten.

Wenn Sie bereit sind, wirklich die Konsequenzen dieses Tuns zu ziehen, ist das in Ordnung. Viel mehr ist jedoch damit zu rechnen, daß Sie einen solchen Schritt bedauern würden. Bedenken Sie ihn daher sehr genau. Versuchen Sie einmal eine neue Verständigungsmöglichkeit mit Ihrem jetzigen Partner zu finden, indem Sie offen und ehrlich über all das, was Sie stört, sprechen.

Das Intimhoroskop des Jungfrau-Adams

Zehn goldene Regeln, die Sie beachten sollten, wenn Sie auf Freiersfüßen stehen

Regel Nr. 1: Bemühen Sie sich um etwas mehr Selbstwertgefühl. Wenn Sie sich selbst zu niedrig einschätzen, wirken Sie auch auf andere nicht gerade überzeugend. Jetzt, da es Ihnen um die Liebe eines Mädchens geht, sollten Sie sich von Ihrer besten Seite zeigen. Das bedeutet bei Ihrem Typ: Nur wenn Sie lernen, sich nicht als minderwertiger als die anderen einzustufen, dann haben Sie jene Ausstrahlung, die Sie brauchen, wenn Sie eine Eroberung machen möchten.

Regel Nr. 2: Lernen Sie es, Ihre Energien einzuteilen. Sie sind ein Mensch, der sich voller Elan und Begeisterung in eine neue Aufgabe stürzt. Das ist gut und schön, vor allen Dingen am Arbeitsplatz. Jetzt jedoch, da es um die Liebe geht, sollten Sie ein wenig haushalten.

Verschießen Sie nicht alles, was Sie anzubieten haben, schon während der ersten drei Tage – es bleibt ja dann nichts mehr übrig.

Regel Nr. 3: Verlangen Sie nicht zuviel. Kein Mensch ist perfekt.

Auch nicht das Mädchen, um das es Ihnen geht. Sie müssen ihm seine kleinen Fehler, seine kleinen Unzulänglichkeiten lassen, sonst verunsichern Sie die Dame Ihres Herzens und sorgen dafür, daß sie Sie schnellstens wieder verläßt.

Regel Nr. 4: Seien Sie nicht zu mitteilsam. Es gibt Situationen, über die Sie sich nicht in allen Details verbreiten sollten. Wenn es beispielsweise um Erlebnisse vor dem jetzigen Mädchen geht, sollten Sie lieber ein bißchen schweigsam sein. Wenn Sie zu viele Namen ins Feld führen, fühlt sich Ihr jetziger Schwarm als eine unter vielen. Und das ist etwas, womit kein Mensch gern lebt.

Regel Nr. 5: Seien Sie nicht zu schüchtern. Vom Naturell her sind Sie ein Mann, der sein eigenes Licht gern unter den Scheffel stellt. Damit kommen Sie jedoch im Moment nicht weiter. Wenn es sich bei Ihrem Schwarm um eine Widder-Dame, eine Löwin oder eine Steinbock-Frau handelt, haben Sie nur Glück, wenn Sie etwas aggressiver und selbstbewußter auftreten als bisher.

Regel Nr. 6: Sie sind von Natur aus ein Mann, der die Ordnung liebt, der seine festgefügten Prinzipien hat und daran nicht rütteln läßt. Im beruflichen Alltag ist das schön und gut. Im Moment jedoch sollten Sie die etwas starre Haltung durch etwas mehr Lässigkeit ersetzen. Sie kommen damit weiter. Sie machen sich nämlich dadurch in den Augen des Mädchens nicht nur sympathischer, sondern auch menschlicher.

Regel Nr. 7: Seien Sie nicht zu rechthaberisch. Zwar sind Sie davon überzeugt, daß das, was Sie für Ihre Meinung halten, die allein seligmachende ist, aber gelegentliche Kompromisse wären Ihnen und Ihren Plänen sehr viel dienlicher. Lassen Sie auch das Mädchen einmal gewinnen. Geben Sie auch ihm die Chance, ein Argument für sich zu entscheiden. Auf diese Art und Weise werden Sie sehr viele Sympathien gewinnen.

Regel Nr. 8: In Kleinigkeiten müssen Sie toleranter als bisher werden. Nur weil Sie ein Perfektionist sind, dürfen Sie nicht alles, was Ihrem Auge mißfällt, zum Tribunal werden lassen. Allmählich wird Ihnen diese Haltung als Kritiksucht ausgelegt. Mit einer solchen Eigenschaft jedoch kann sich kaum eine Eva abfinden. Sie zieht dann lieber freiwillig Leine.

Regel Nr. 9: Zeigen Sie alles in allem mehr Fröhlichkeit. Sie sind zu verbissen, wenn es darum geht, Ihre Pläne zu verfolgen. Gehen Sie leichter an sie heran, zeigen Sie sich auch einmal von Ihrer lässigen Seite. Wenn Sie sich um etwas mehr Fröhlichkeit bemühen, wirken Sie sehr viel charmanter auf das andere Geschlecht.

Regel Nr. 10: Seien Sie zärtlicher. Man kann es so interpretieren, daß man Sie für verklemmt hält, wenn Sie mit Ihren Zärtlichkeiten zu sparsam umgehen. Auf Dauer können Sie jedenfalls keine Frau halten, wenn Sie zwar den Ritter spielen, nicht aber gleichzeitig auch den Galan. Planen Sie einmal bewußt einen zärtlichen Abend, bemühen Sie sich um die passende Musik, um Kerzenschein, um die richtige Atmosphäre – und vor allen Dingen bei Ihnen selbst um die für diese Stunden notwendige innere Haltung.

Eine Jugfrau-Dame liebt delikate Gerichte

Für mehr Spaß bei der Liebe: So wirkt der Jungfrau-Adam auf die weiblichen Vertreter der anderen Sternzeichen

Der Jungfrau-Mann und die Waage-Frau

Waage-Geborene sind ausgeglichene, harmonische Wesen, die nur wenig an sich herankommen lassen – vom Jungfrau-Mann abgesehen. Dieser Sternzeichen-Vertreter geht ihnen merkwürdig unter die Haut. Im ersten Moment ist die gegenseitige Anziehungskraft zwar groß, aber schon nach kurzer Zeit merkt man, daß man sich gegenseitig auf die Nerven geht. Den intensiven, auf Hochtouren laufenden Jungfrau-Geborenen geht es gegen den Strich, eine Partnerin zu haben, die nichts aus der Ruhe bringen kann.

Das ist jedoch nicht die einzige Reibungsfläche. Vielmehr ist das Naturell der beiden Partner zu unterschiedlich, als daß man ohne Schwierigkeiten eine dauerhafte harmonische Basis finden könnte. Es gibt auch hier Ausnahmen. Vor allen Dingen dann, wenn die Ehe erst später zustande gekommen ist und wenn beide Partner es geschafft haben, sich ihre Ecken und Kanten abzustoßen, Erfahrungen zu sammeln und toleranter zu werden.

Mit der ehelichen Treue nehmen es beide Partner recht genau, wenn sie erst einmal erkannt haben, daß das gemeinsam Erreichte wichtiger ist als ein Abenteuer. Dem Jungfrau-Geborenen liegt es ohnehin, sich an Prinzipien und Versprechungen zu halten. Die Waage-Frau dagegen lernt es, durch diesen Mann etwas mehr Festigkeit als von den Sternen vorgegeben zu entwickeln.

Die aus dieser Bindung hervorgehenden Kinder vereinen meist die Zielstrebigkeit des Vaters mit der inneren Ausgeglichenheit der Mutter und sind leicht zu lenkende Wesen, die ihren Weg machen.

Der Jungfrau-Mann und die Skorpion-Frau

Die Skorpion-Frau neigt dazu, zu stechen, zu nörgeln, zu sticheln. Somit ist sie dem Jungfrau-Mann in vielfacher Beziehung ganz ähnlich. Auch er neigt zu ständiger Kritik. Auch er möchte, daß alles in seiner Umgebung perfekt ist – in erster Linie die Partnerin.

Die ideale Partnerin für den Jungfrau-Mann ist die Skorpion-Frau wohl kaum. Es gibt zu viele Reibungsflächen, als daß sich ein harmonischer Alltag vorstellen ließe. Eine Zeitlang, vor allen Dingen während der ersten Jahre einer Ehe, läßt sich der Kampf um den ersten Platz noch durch die erotische Anziehungskraft abschwächen. Ist jedoch das Sexuelle zur Routine geworden, bleiben wenig Gemeinsamkeiten, die ein glückliches Nebeneinander oder gar Miteinander garantieren.

Nur sehr verantwortungsbewußte Jungfrau-Männer, die bereits alt genug sind, um die durchaus vorhandenen Vorzüge der Skorpion-Geborenen zu erkennen, schaffen die Basis für eine gute Beziehung. Verbindend ist dabei auch, daß die Zielstrebigkeit beider dazu führt, daß man schon schnell viel erreicht, sich gemeinsam vieles aufbaut. Das bedeutet dann: der Preis ist sehr hoch, sollte man sich wieder trennen.

Die aus dieser Bindung hervorgegangenen Kinder sind mitunter eine nicht ganz glückliche Mischung, da sie die Kritiksucht beider Eltern übernommen haben und sich oft selbst im Weg stehen. Sie brauchen besonders viel Zuwendung und viel Verständnis, wenn man ihnen den Weg in ein harmonisches Leben ebnen möchte.

Der Jungfrau-Mann und die Schütze-Frau

Auf den ersten Blick will es scheinen, daß sich diese beiden Partner nur schwer verstehen können. Man stelle sich vor, wie empfindsam die Schütze-Frau ist, wie leicht sie verletzt ist, wie sentimental, wie abhängig und mitunter sogar chaotisch. Trotzdem klappt es mit dem Jungfrau-Geborenen hervorragend. Sein natürliches Verantwortungsgefühl erwacht nämlich, wenn er eine Schütze-Frau sein eigen nennt. Er breitet seine Arme aus und nimmt sie unter seinen Schutz und Schirm.

Schwierigkeiten gibt es höchstens dann, wenn die Schütze-Frau ein wenig zu passiv ist, um mit dem ehrgeizigen Jungfrau-Mann Schritt zu halten. Dann kann es passieren, daß dieser an sich zur Treue neigende Mann schnell eine weitere Freundin sucht, bei der er mehr Aktivität vermutet.

Normalerweise sind diese beiden Partner jedoch, wenn sie zueinander gefunden haben und eine Ehe eingegangen sind, auch treu. Ihrer Bindung haftet stets eine gewisse Leichtigkeit an, bedingt nicht durch die Art des Jungfrau-Mannes, sondern durch die fröhliche Schütze-Geborene, die dafür sorgt, daß dieser Sternzeichen-Vertreter insofern über seinen eigenen Schatten springt, als er es lernt, seine Kritiksucht zu bändigen. Auch wird er an ihrer Seite sehr viel toleranter, als er das von Natur aus ist. Die Schütze-Frau ist nämlich keineswegs perfekt. Sie hat ihre Fehlerchen und macht aus ihnen kein Hehl. Der Jungfrau-Geborene kann also gar nicht anders, wenn er an ihrer Seite glücklich ist, als diese zu akzeptieren. Das kommt seinem Gesamtverhalten durchaus zugute.

Die aus dieser Bindung stammenden Kinder sind meist sehr ausgeglichen, sehr aufgeweckt und dabei recht strebsam. Sie sind eine Freude für jeden Lehrer und machen kaum Schwierigkeiten.

Der Jungfrau-Mann und die Steinbock-Frau

Hier haben sich zwei gesucht und gefunden. Kaum ein anderes Sternbild paßt besser zum Jungfrau-Geborenen als Frau Steinbock. Sie ist loyal, zeigt Verantwortungsbewußtsein, ist eifrig und kritisch. All das sind Eigenschaften, die er schon deshalb zu schätzen weiß, weil er sie selbst auch hat. Die gegenseitige Anziehungskraft muß sich jedoch erst langsam entwickeln. Die bei beiden Partnern vorhandene Kritiksucht und der Wunsch nach Perfektionismus bedingen, daß man einander über einen längeren Zeitraum kritisch und abwartend gegenübersteht, ehe man sich erlaubt, aus der beginnenden Freundschaft so etwas wie Liebe werden zu lassen. Auch hier muß man sich erst zusammenraufen.

Bei der so großen Anzahl von Ähnlichkeiten ergibt es sich automatisch, daß man um den ersten Platz in der Zweierbeziehung zu kämpfen hat.

Die Ehe, falls sie überhaupt zustandekommt, ist übrigens nur dann von Dauer und überdurchschnittlich harmonisch, wenn es dem Jungfrau-Geborenen gelingt, der dominante Partner zu sein. Erlaubt er seiner Steinbock-Frau dagegen, den Ton anzugeben, dann wird er im wahrsten Sinn des Wortes untergebuttert. Er kriegt kein Bein mehr auf die Erde, weil die Steinbock-Frau zu eisern die Zügel in der Hand hält.

Ein Jungfrau-Geborener, der nicht zumindest im eigenen Haus die Entscheidungsgewalt hat, ist eine traurige Figur. Unweigerlich kommt es immer wieder zu Auseinandersetzungen und zu Reibereien, die sogar einen endgültigen Bruch herbeiführen können.

Hat man aber diese einzige Klippe überwunden und für immer zueinander gefunden, dann gestaltet sich eine Zweierbeziehung zwischen dem Jungfrau-Mann und der Steinbock-Frau überdurchschnittlich gut, weil man einander respektiert und hervorragend versteht.

Auch mit der ehelichen Treue klappt es im allgemeinen.

Die aus dieser Bindung stammenden Kinder vereinen auf sich die positiven Eigenschaften der Eltern, sind darüber hinaus aber meistens nicht ganz so engstirnig. Sie sind toleranter und neigen weniger zur Kritiksucht.

Der Jungfrau-Mann und die Wassermann-Frau

Leicht ist eine solche Beziehung nicht. Der Jungfrau-Geborene hat wenig Verständnis für die Phantasie der Wassermann-Frau, für ihre Tagträumereien und für ihre Art, den Boden der Tatsachen des öfteren zu verlassen.

Er, der geborene Realist, sucht vielmehr eine Partnerin, die mit ihm durch dick und dünn geht, die ihn versteht, die ihn bestärkt und die seine positiven Eigenschaften zu schätzen weiß. Gerade da aber kommt ihm die Wassermann-Frau nur wenig entgegen. Sie lebt zu sehr ihren Phantasien und ist oft so in ihre Vorstellungswelt eingekapselt, daß daneben nur wenig Raum bleibt für den kühlen, nüchternen Jungfrau-Geborenen; jedenfalls schätzt sie ihn im ersten Moment so ein.

Hat man es geschafft, einander näher kennenzulernen, dann geschieht Überraschendes. Auf beiden Seiten erwacht Sympathie, Respekt und sogar Wohlwollen. Der Jungfrau-Mann beginnt, die

Verträumtheit seiner Partnerin zu akzeptieren und verlangt nicht mehr von ihr, daß sie ein Abklatsch seiner selbst zu werden hat. Umgekehrt ist die Wassermann-Frau bereit, die mitunter etwas spröde, kühle Art des Jungfrau-Mannes zu respektieren, weil sie nämlich erkannt hat, daß darunter ein warmer, liebevoller Kern ruht.

Mit der ehelichen Treue nimmt es eine Wassermann-Frau nicht immer so ganz genau. Ihr kann es durchaus passieren, daß sie trotz einer harmonischen Ehe für die Reize anderer Männer aufgeschlossen ist und auf diese Art und Weise den Jungfrau-Partner zur Eifersucht bringt.

Er selbst wird im allgemeinen nicht mit gleicher Münze zurückzahlen, jedoch intensiv versuchen, seine Partnerin umzuerziehen.

Die aus dieser Bindung hervorgehenden Kinder sind meistens quicklebendig, haben eine rasche Auffassungsgabe, können sich besser als der Jungfrau-Vater durchsetzen und zeigen darüber hinaus von der Wassermann-Frau übernommene Veranlagungen, sich überall hindurchzuschlängeln.

Der Jungfrau-Mann und die Fische-Frau

Die echte Fische-Frau ist verliebt in die Liebe. Das ist eine Wesensart, die jedem Mann gefällt, der Jungfrau-Mann ist da keine Ausnahme. Ein Fischlein, das vor Glückseligkeit übersprudelt, ist genau das, wonach er sich sehnt.

Man muß jedoch differenzieren. Als Gespielin, als Freundin ist die Fische-Frau für den Jungfrau-Geborenen ideal. Ob sie das auch als Lebensgefährtin ist, hängt vom Alter des Jungfrau-Mannes ab. Er, der sich im allgemeinen erst spät entwickelt, muß ein gewisses Alter, eine gewisse Reife erlangt haben, ehe er es mit einer Fische-Frau aufnehmen kann. Ist er zu jung, läßt er diese Eva auf seiner Nase herumtanzen, erlaubt ihr, die Hosen anzuhaben und ihn zu manipulieren. Das ist jedoch keine Basis für ein gemeinsames Glück.

Die Leichtfertigkeit des Fischleins muß dem so ganz anders veranlagten Jungfrau-Mann begreiflicherweise auf die Nerven gehen. All das, was er mit großer Mühe erarbeitet, wofür er gespart hat und was er für seine Sicherheit hält, sind Dinge, die von der Fische-Partnerin nur als Nebensächlichkeiten eingestuft werden. Schafft man es, einen gemeinsamen Nenner zu finden – je älter man ist, desto besser geht das –, sind die schwierigsten Hürden bereits genommen.

Überhaupt gilt bei der Bindung Jungfrau-Mann und Fische-Frau: mit jedem Jahr wird es etwas leichter und sogar noch etwas schöner. Während sich die meisten Ehen im Laufe der Zeit abnutzen, belebt sich die dieser beiden Partner fast von allein.

Auch die aus dieser Bindung stammenden Kinder reflektieren das durchaus harmonische Verhältnis ihrer Eltern. Sie sind aufgeschlossen, problemlos und außerordentlich tolerant. Leicht fügen sie sich in jede Gemeinschaft ein, ganz genauso leicht tun sie sich zuerst in der Schule und später im Leben.

Der Jungfrau-Mann und die Widder-Frau

Eine bessere Partnerin als Frau Widder kann sich der Jungfrau-Geborene kaum wünschen. Sie gibt ihm Halt, Kraft, Selbstbestätigung und darüber hinaus auch noch Liebe. Sie hat eine starke Persönlichkeit, ist positiv und optimistisch und sorgt durch dieses Naturell dafür, daß der zur Selbstunterschätzung neigende Jungfrau-Partner an Selbstsicherheit und Ausstrahlungskraft gewinnt.

Auch in körperlicher Beziehung ergänzt man sich großartig. Mitunter kann es jedoch Auseinandersetzungen geben, wenn keiner von beiden die Führung abzugeben gedenkt. Meistens ist es der Jungfrau-Geborene, der nachgibt. Das ist nicht unbedingt ein Nachteil. Erstens wird Frau Widder das nicht auszunutzen versuchen, indem sie ihn beispielsweise in der Öffentlichkeit bloßstellt oder aber zu einer herrschsüchtigen Person wird, und zweitens vergibt sich der Jungfrau-Geborene auch nichts. Er erkennt an, daß die Führungsqualitäten seiner Partnerin den seinen überlegen sind.

Es ist erstaunlich, wie schnell diese beiden Partner, wenn sie zueinander gefunden haben, auf den grünen Zweig kommen. Sie haben ähnlich gelagerte Interessen und Ziele.

Beide sind verantwortungsbewußt und eifrig, wobei die Widder-Frau jedoch über mehr Ellbogen verfügt als der Jungfrau-Partner. Er kann in dieser Beziehung durchaus von ihr lernen.

In einer anderen Beziehung ist es die Widder-Frau, die von ihrem Jungfrau-Partner lernt: Das Verantwortungsgefühl hat sie zwar in puncto Beruf, aber nicht unbedingt in puncto Ehe. Sie ist eine Frau, die durchaus zu einem Seitensprung fähig wäre, würde der Jungfrau-Partner sie nicht daran zu hindern wissen.

Die aus dieser Ehe stammenden Kinder sind eine gelungene Mischung ihrer Eltern, denn sie haben sowohl die Zielstrebigkeit und das Verantwortungsbewußtsein des Vaters als auch die positive optimistische Haltung der Mutter auf sich vereint.

Der Jungfrau-Mann und die Stier-Frau

So einfach und problemlos wie die Beziehung zwischen dem Jungfrau-Mann und der Widder-Frau ist die zur Stier-Dame keineswegs. Hier gibt es Reibungsflächen und Auseinandersetzungen. Die sprichwörtliche Sturheit der Stier-Frau verträgt sich nur schlecht mit der rechthaberischen Ader des Jungfrau-Partners.

Weitere Reibungspunkte ergeben sich daraus, daß die Stier-Dame über ein Phlegma verfügt, für das der Jungfrau-Partner kein Verständnis hat. Er ist der Meinung, daß man gemeinsam etwas aufbauen sollte und daß man nicht ruhen darf, bis das hochgesteckte Ziel erreicht ist. Andererseits gibt es auch wieder Punkte, in denen man sich näherkommt.

Die Stier-Geborene ist vom Typ her liebevoll und damit für den Jungfrau-Mann gerade richtig. Er braucht seine Streicheleinheiten, sein sensibles Ego muß hin und wieder aufgerichtet werden. Er wiederum kommt der Stier-Frau entgegen, indem er hundertprozentig treu ist. Sie neigt zur Eifersucht und zu unbegründeten Befürchtungen, er könne ihr einmal davonlaufen. Letzteres passiert fast nie. Haben sich ein Jungfrau-Mann und eine Stier-Frau gefunden, ist diese Ehe in beinahe neunzig Prozent aller Fälle von Bestand. Zu sehr ist die Stier-Geborene ihren Gewohnheiten verhaftet und der Jungfrau-Mann seinem Besitz, als daß man alles noch einmal aufgeben könnte.

Die aus dieser Bindung stammenden Kinder haben nur auffallend selten die Sturheit der Mutter übernommen und zeigen meistens eher die Jungfrau-typischen Eigenschaften wie Ehrgeiz, Strebsamkeit und Fleiß.

Ein Jungfrau-Mann ist ein ambitionierter Chef

Der Jungfrau-Mann und die Zwillinge-Frau

Diese Bindung kann als perfekt bezeichnet werden. Die lebenslustige, heitere, aufgeweckte Zwillinge-Frau ist ein wunderbares Pendant zu dem manchmal etwas zu ehrgeizigen Jungfrau-Mann. Sie lockert ihn auf, erheitert ihn und zieht ihn ganz ungewöhnlich an.

Aber auch der Jungfrau-Geborene hat eine Menge in die Waagschale zu werfen. Er gibt der etwas flatterhaften, nie so recht zur Ruhe kommenden Zwillinge-Dame jene Sicherheit und jenen Spielraum, den sie braucht, um sich voll entfalten zu können. Sie muß Feste feiern können, auf Partys gehen dürfen, selbst einladen können und immer im Mittelpunkt stehen. Der Jungfrau-Mann läßt ihr diese Vorliebe.

Eine andere dagegen läßt er ihr nicht: das Flirten. In dieser Beziehung muß das Zwillinge-Mädchen entscheidend umlernen, muß begreifen, daß man mit dem Jungfrau-Mann – so weich und nachgiebig er auch scheinen mag – nicht spielen kann und daß er die Treue für eine wichtige, wenn nicht sogar die wichtigste Voraussetzung einer Zweierbeziehung hält. Erst wenn die Zwillinge-Frau das begriffen hat und wenn sie hundertprozentig loyal hinter ihrem Jungfrau-Partner steht, bleibt die Beziehung so harmonisch, so erfüllend und so wertvoll, wie sie es von Anfang an gewesen ist.

Die aus dieser Bindung stammenden Kinder sind heitere, leicht zu lenkende Wesen, die jedoch besonders empfindlich sind und sehr viel Zärtlichkeit brauchen. Sie brauchen darüber hinaus immer wieder die Bestätigung, genauso wertvoll zu sein wie die anderen Kinder, weil sie vom Vater die geringe Selbsteinschätzung übernommen haben.

Der Jungfrau-Mann und die Krebs-Frau

Zwei Sensibelchen treffen hier aufeinander. Die Krebs-Frau ist genauso leicht verletzt wie der Jungfrau-Mann und neigt genau wie er dazu, sich selbst zu gering einzuschätzen. Trotzdem ist das nicht unbedingt als Nachteil zu sehen. Es gibt auch das Gegenteil. Es kann sein, daß diese beiden Partner erkennen, daß sie einander behüten, beschützen und immer wieder aufrichten müssen. Sie haben Verständnis dafür, daß der andere genauso leicht verletzt ist wie man selbst und daß man sein Herz festhalten muß.

Das bedeutet, daß diese beiden Partner, wenn sie sich erst einmal kennengelernt haben, im allgemeinen besonders schnell eine Ehe eingehen. Sie tun das aus dem Bedürfnis heraus, einander Sicherheit zu bieten und einander eine wohlige Atmosphäre zu schaffen.

Die Krebs-Frau ist in dieser Beziehung nicht zu schlagen. Wie kaum eine andere kann sie ein gemütliches Heim schaffen, in dem sich der zur Häuslichkeit neigende Jungfrau-Geborene sehr wohl fühlt.

Fast nie kommt es bei diesen beiden Partnern zu ernsthaften Auseinandersetzungen, die bis zu einer Scheidung gehen würden. Dazu sind sie zu sehr am gemeinsamen Besitz, vor allen Dingen aber an den Kindern interessiert. Auch durch einen Seitensprung oder durch eine unkontrollierte Leidenschaft setzen sie das Erreichte nicht aufs Spiel. Vielmehr versuchen sie, ihren erotischen Alltag auch in fortschreitendem Alter noch interessant zu gestalten und sind in dieser Beziehung recht erfolgreich. Der Jungfrau-Geborene erkennt an, daß sein Krebslein wendiger und einfallsreicher ist als er und läßt sich daher auf intimer Basis durchaus von ihr leiten.

Die aus dieser Bindung stammenden Kinder zeigen, ähnlich wie ihre Eltern, einen ausgesprochenen Hang zu allem Materiellen, verfügen über mehr Durchsetzungsvermögen als die Eltern und meistens auch über eine gewisse Leichtfertigkeit, die weder zum Jungfrau-Geborenen noch zur Krebs-Dame paßt.

Der Jungfrau-Mann und die Löwe-Frau

Hier haben sich zwei gesucht und gefunden. Der Jungfrau-Geborene bewundert die starke, sich überall durchsetzende stolze Löwin. Er ist ehrgeizig und zielstrebig genug, sich erst zufriedenzugeben, wenn er sie erobert hat. Das ist nicht immer leicht. Auf den ersten Blick kann die Löwin mit diesem Sternzeichen-Vertreter nämlich gar nichts anfangen. Sie sieht nur seine negativen Züge, erkennt aber die positiven nicht.

Erst wenn die Löwe-Geborene gelernt hat, diesen Partner richtig einzustufen, ergibt sich überhaupt die Chance, daß man zueinander findet. Der sehr junge Jungfrau-Geborene hat wenig Chancen, es mit dieser Vertreterin zu schaffen. Sie respektiert ihn nicht, sie spielt ihn an die Wand, nimmt keine Rücksicht darauf, daß er keine Konkurrenz duldet. Ist er jedoch bereits in jenem Alter, in dem er sich durchzusetzen versteht und in dem er es schafft, seine Vorzüge in die Waagschale zu werfen, dann erkennt gerade die Löwin, die ja an einer intakten Familie interessiert ist, die positiven Eigenschaften dieses Mannes an. Sie weiß es zu schätzen, daß er häuslich ist. Sie weiß es zu schätzen, daß er liebevoll und aufopfernd für seine Familie sorgt, und sie erkennt an, daß er loyal und treu ist. Darüber hinaus schätzt sie an ihm die Ehrlichkeit und die Art und Weise, wie er ihre Bemühungen honoriert. Letzteres bedeutet, daß auch sie nun dem Jungfrau-Geborenen jene Komplimente macht, die er nun einmal braucht, um vor sich selbst geradestehen zu können.

Die aus dieser Bindung hervorgegangenen Kinder haben fast immer den Stolz und die Stärke der Mutter und Eifer und Fleiß des Vaters. Sie sind die geborenen Wissenschaftler und in den meisten Fällen ausgesprochene Musterschüler. Kämpfen müssen sie lediglich um Anerkennung bei ihren Freunden, denn mitunter werden sie als Streber verschrien.

Die Jungfrau liest mehrere Bücher zur gleichen Zeit

So toll ist der Jungfrau-Mann, wenn er liebt

Ähnlich wie die weibliche Jungfrau ist der männliche Jungfrau-Geborene sehr viel leidlicher, charmanter, wenn er gerade verliebt ist. All die Ecken und Kanten, die er sonst aufweist, scheinen dann abgerundet, alle Mängel scheinen überdeckt, alle positiven Eigenschaften in den Vordergrund gerückt.

Kein Wunder also, daß der Jungfrau-Mann – völlig zu unrecht für zu kalt gehalten – manchmal über den Wolken schwebt. Gefühlsmäßig passiert ihm das häufiger, als allgemein vermutet wird. Er ist viel leichter entflammbar, als man ihm zutraut. Von Natur aus ist er ein Dauerbrenner. Hat er sich erst einmal für ein Mädchen entschieden, dann legt er viele Wesenszüge ab, die sonst für ihn charakteristisch waren. Er ist plötzlich nicht mehr der große Sparer, sondern sehr großzügig. Er ist auch nicht mehr so rechthaberisch wie sonst, sondern toleranter. Auch schafft er es jetzt, andere neben sich existieren zu lassen und fremde Meinungen zu akzeptieren. Er strahlt Ruhe, Freundlichkeit und vor allen Dingen Wärme aus. Eine Frau fühlt sich durchaus bei ihm wohl.

Der liebende Jungfrau-Mann ist auch am Arbeitsplatz toleranter und großzügiger. Alles in allem ist er eine Persönlichkeit, die überall ankommt. Erstmalig brilliert er jetzt auf Partys und schafft es sogar, die Aufmerksamkeit aller auf sich zu lenken. Ohne die Liebe im Hintergrund ist er nicht dazu in der Lage, vor Publikum aufzutreten. Hat er aber sein Herz verloren, dann wächst er buchstäblich über sich selbst hinaus. Er kann sich jetzt bis zu einem gewissen Grad produzieren, ohne dabei jedoch – wie beispielsweise der Widder-Mann oder der Löwe-Vertreter – unangenehm oder protzig zu wirken.

Der liebende Jungfrau-Geborene ist voller Zärtlichkeit, wenn er es einmal geschafft hat, die bei ihm vorhandene natürliche Hemmschwelle zu überwinden. Er braucht länger als andere Männer, ehe er sich zu seinen Gefühlen bekennt, ehe er Komplimente macht, ehe er sein Herz auf der Zunge trägt und vor allem, ehe er jene Zärtlichkeiten auch an die Frau bringt, die in ihm ruhen.

Andererseits ist auch er selbst sehr empfänglich für jede freundliche Geste und für jedes Wort der Bestätigung. Hat er eine Partnerin gefunden, die ihm immer wieder sagt, daß er zumindest für sie ein ganzer Kerl ist, dann ist der Jungfrau-Partner ein idealer Lebensgefährte, auf den man sich verlassen darf und der darüber hinaus so etwas wie einen Sinn für Humor entwickelt. Letzteres ist eine Fähigkeit, die er ohne die Liebe nicht besitzt.

Bei dem unter diesem Sternzeichen geborenen Vertreter muß noch eines berücksichtigt werden: Erst wenn der Jungfrau-Mann jene Reife erlangt hat, die ihm hilft, seine Unsicherheiten zu überwinden, dann ist er wirklich der ideale Partner. Vorher wird er in den Händen von verantwortungslosen Frauen gern zu einem willenlosen Spielzeug, weil er es nicht schafft, sich durchzusetzen, sich zu behaupten und sein wirkliches Persönlichkeitsbild zu zeigen. Bei der richtigen Frau dagegen entfaltet er eine ganze Palette von Tugenden, die man ihm normalerweise abschreiben würde.

Das ist die Partnerin, die der Jungfrau-Mann braucht

Der Jungfrau-Geborene braucht eine Partnerin, die ihm das Rückgrat stärkt, das gilt um so mehr, je jünger er ist. In den Anfangsjahren, wenn er noch keine bedeutende Position im Leben erreicht hat und auf diese Art und Weise gelernt hat, sich richtig einzustufen, ist ihm eine Gefährtin zu wünschen, die ihm seine Vorzüge und Tugenden immer wieder vor Augen hält.

Es muß eine warmherzige Frau sein, die voller Verständnis ist für seine Lebensangst und die ihm über so manche schwierige Situation hinweghilft. Wichtig ist auch, daß er an eine Frau gerät, die nicht mit ihm spielt, und die, ähnlich wie er, an allem, was man gemeinsam geschaffen hat, festhält. Eine Partnerin dagegen, die voller Selbstsucht steckt, die eigene Ziele hat, die denen des Jungfrau-Mannes widersprechen, und die darüber hinaus über mehr Ellbogenfreiheit verfügt, als dieser Sternzeichen-Vertreter, wäre Gift für ihn. An ihrer Seite würde er zugrundegehen.

Der Jungfrau-Mann braucht eine Frau, die auch mütterliche Züge hat und ihn ein wenig unter ihre Fittiche nimmt. Eine Karriere-Frau ist meistens nicht das richtige für ihn. Ein häuslicher Typ dagegen, der ihm eine behagliche Atmosphäre schafft, zu ihm aufblickt und ihn bewundert, wäre ihm zu wünschen.

Seine Partnerin muß loyal, hundertprozentig ehrlich sein und ein dickes Fell haben. Letzteres braucht sie nämlich, wenn sie nicht an den häufigen Kritiken dieses Sternzeichen-Vertreters zerbrechen soll. Sie muß sich daran gewöhnen, daß er immer wieder einmal an allem etwas auszusetzen hat. Sie muß seine kleinen Sticheleien möglichst überhören können und sich immer wieder sagen, daß sie Teil seines Naturells, aber nicht immer ernst gemeint sind.

Er braucht eine Partnerin, die in jeder Beziehung ihren Mann steht. Das heißt, der Jungfrau-Geborene gibt sich mit einem Wesen nicht zufrieden, das nicht seiner Arbeit nachkommt, das ihm nicht imponiert, für das er keinen Respekt hat. Er braucht vielmehr eine Frau, die selbst einen gewissen Erfolg hat, die zuverlässig ist und strebsam. Vor allem aber braucht er an seiner Seite ein Wesen, das ihn liebt und mit Wärme umgibt.

Sind Sie anfällig für die Verlockungen des schwachen Geschlechts?

Der Jungfrau-Geborene ist kein Mann, der wegen einer Leidenschaft oder wegen einer eben erst entflammten Liebe alles, was er sich geschaffen hat, aufs Spiel setzt. Er ist vom Typ her ausgesprochen monogam, ein Familienmensch und ein Partner, der zu seinen Versprechungen und zu seiner Verantwortung steht.

Andererseits ist dieser Sternzeichen-Vertreter aber auch ein besonders sensibler Mensch, dem man mit großer Loyalität begegnen muß. Hat er eine Partnerin, die ihre eheliche Treue nicht so ganz ernst nimmt, erwacht auch in ihm im Laufe der Zeit so etwas wie Widerspruchsgeist und das Bestreben, nun Gleiches mit Gleichem zu vergelten.

Damit allein ist ein Seitensprung noch keineswegs geplant. Es muß schon mehr zusammenkommen, wenn ein Jungfrau-Vertreter wirklich seinen Prinzipien untreu werden sollte.

Wie ist das bei Ihnen als einem männlichen Jungfrau-Geborenen? Sind Sie anfällig für die Versuchungen des schwachen Geschlechts? Testen Sie das doch einmal. Die folgenden Situationen müssen eintreten, damit Sie, trotz aller guten Vorsätze, doch schwach werden.

Punkt Nr. 1: Verletztes Ego

Empfindsam ist er wie eine Mimose, der Jungfrau-Geborene. Er kann es nicht verkraften, daß man ihn hintergeht, daß man ihm Hörner aufsetzt. Ist das geschehen, dann kann er aus Rache sogar dazu bereit sein, seinerseits einen Seitensprung zu begehen.

Er wird sich dazu irgendeine beliebige Partnerin wählen, die an sich völlig unwichtig ist. Wichtig ist ihm lediglich, nun seinerseits ein Versprechen gebrochen zu haben, um auf diese Art und Weise das verletzte Selbstwertgefühl wieder etwas aufzurichten.

Erfahrungen zeigen jedoch, daß dies ein Trugschluß ist. Der Jungfrau-Geborene fühlt sich danach keineswegs besser, geschweige denn neu bestätigt. Hat er jedoch eine Partnerin gefunden, die ihm Komplimente macht und ihn anerkennt, dann ist seine Zweierbeziehung durchaus gefährdet. Dann kann es passieren, daß er sich, noch immer unter dem Druck des Enttäuschtseins von der ursprünglichen Partnerin, der neuen zuwendet und hier ein zweites Mal versucht, so etwas wie ein Dauerglück aufzubauen.

Punkt Nr. 2: Unzulänglichkeiten der Partnerin

Man weiß es hinreichend: Der Jungfrau-Geborene ist ein Perfektionist, der nicht nur an sich selbst, sondern auch an die Partnerin besonders hohe Ansprüche stellt. Erfüllt sie die an sie gestellten Erwartungen nicht und entdeckt der Jungfrau-Geborene bei ihr immer wieder neue Kleinigkeiten, die ihm mißfallen, dann erreicht er mitunter einen Punkt, an dem er einfach glaubt, keine weitere Schwäche mehr ertragen zu können. Er sucht nun verzweifelt nach einem Wesen, das seinem Wunsch nach Perfektionismus mehr entspricht. Wenn er eine Frau gefunden hat, von der er annimmt, daß seine Partnerin ihr nicht das Wasser reichen kann, ist er zur Untreue bereit. Diese Beziehung ist durchaus eine Gefahr für seine Ehe.

Punkt Nr. 3: Unzulänglichkeiten bei der Liebe

Auch hier gilt, daß der Jungfrau-Mann Perfektes, Überdurchschnittliches sucht. Auf erotischem Gebiet soll es bei ihm stimmen. Tut es das nicht und fühlt er sich immer wieder frustriert, zieht er die Konsequenzen.

In diesem Fall suchen Jungfrau-Männer meistens eine ältere Frau, bei der sie einen großen sexuellen Erfahrungsschatz voraussetzen und bei der sie glauben, jene Perfektion finden zu können, die sie bei der eigenen Partnerin vermissen. Meistens sind diese Eskapaden jedoch eine Enttäuschung und keine echte Belastung der Ehe. Jedenfalls dann nicht, wenn der Jungfrau-Geborene es verstanden hat, seinen Seitensprung zu kaschieren.

Punkt Nr. 4: Mißerfolge auf der ganzen Linie

Ein so strebsamer, ehrgeiziger und eifriger Mensch wie der Jungfrau-Geborene braucht Erfolge, um sich wohl fühlen zu können. Der Jungfrau-Mann braucht aber auch Erfolge, um lieben zu können. Versagt er beruflich, oder muß er viele Enttäuschungen hintereinander einstecken, die seinem Selbstbewußtsein nicht gerade zuträglich sind, dann klappt auch die Zweierbeziehung nicht mehr. Er ist dann selbst daran schuld, daß er mit der Partnerin nicht mehr harmoniert.

Meistens jedoch erkennt er das nicht. Viel einfacher ist es für ihn, die Partnerin für seine Mißerfolge, für seine Stimmungen, für seine Depressionen verantwortlich zu machen. Daraus folgert er konsequenterweise, daß er erst dann wieder Erfolg haben wird und mit sich selbst zufrieden sein kann, wenn er sein Glück in den Armen einer neuen Frau findet.

Die unter diesen Voraussetzungen zustandegekommenen Seitensprünge sind meistens von kurzer Dauer. Sehr schnell erkennt der Jungfrau-Vertreter, daß er sich selbst etwas vormacht und daß er die Fehler bei sich, nicht aber bei anderen suchen muß, wenn er sie korrigieren möchte. Er wird dann reumütig in den Schoß der Familie zurückkehren und versuchen, das schlechte Gewissen durch noch mehr Tatkraft, noch mehr Eifer zu beruhigen. Meistens erstreckt sich dieser Eifer auch darauf, daß er nun intensiv bemüht ist, seiner Ehe neue Impulse zu geben und seinen Fehltritt auszugleichen. Meistens gelingt ihm das auch. Für den Jungfrau-Geborenen – anders als für andere Männer – ist ein Seitensprung so etwas wie eine Garantie dafür, daß die Ehe neuen Schwung bekommt, wenn man sich noch einmal auf die ursprüngliche Partnerin besinnt.

Jungfrauen halten ihr Geld fest

Punkt Nr. 5: Wettlauf mit der Lebensangst

Der Jungfrau-Geborene gerät immer wieder in Depressionen, die sich bis zu einer regelrechten Lebensangst steigern können. In einer solchen Phase sind die Herren dieses Sternzeichens besonders anfällig für andere weibliche Reize. Wenn die Ehe nicht mehr jene Sicherheit und jene Wärme bietet, die sie brauchen, um diese Lebensangst überwinden zu können, suchen sie sich ein neues Wesen, von dem sie sich all das erhoffen.

Die so zustandegekommenen Seitensprünge sind eine große Gefahr für die Ehe. Wenn der Jungfrau-Geborene jetzt nämlich an einen warmen, weiblichen und ein wenig mütterlichen Typ gerät, bei dem er sich geborgen fühlt, dann führt die Angst vor erneuten Depressionen oft dazu, daß er nun den Rückzug ins eheliche Schlafzimmer gar nicht mehr antritt.

Punkt Nr. 6: Erotische Überrumpelung

Häufig passiert ihm das zwar nicht, wenn es aber doch dazu kommt, dann war es meistens gründlich. Der Jungfrau-Geborene entflammt zwar durchaus einmal, aber nur ganz selten geht das so weit, daß er dafür seine Sicherheit und seine gewohnte Bindung aufs Spiel setzt. Ist er aber an ein raffiniertes weibliches Wesen geraten, das ihn auf erotischem Gebiet praktisch überrumpeln kann und dem er kaum Widerstandskraft entgegenzusetzen vermag, dann läßt er sich auch einmal fallen. Später kann er nicht mehr sagen, wie es dazu gekommen ist. Er begreift es selbst nicht. Sein schlechtes Gewissen wird ihn noch lange verfolgen. Trotzdem ist eine echte Belastung seiner Dauerbindung noch nicht gegeben. Sehr schnell nämlich kommt bei ihm wieder der Realist zum Vorschein. Sein kühler Verstand sagt ihm, daß es sich hier um eine momentane Leidenschaft handelt, die noch keine Basis ist für eine Dauerbeziehung.

Kehrt er unter diesen Voraussetzungen zu seiner ursprünglichen Partnerin zurück, dann sollte diese jetzt nicht mit Vorwürfen kommen, sondern vielmehr verzeihende Güte walten lassen. Dann nämlich ist die Wahrscheinlichkeit, daß der Jungfrau-Mann für immer bei ihr bleibt, am größten.

Die Jungfrau und ihre Karriere

Die Jungfrau als Arbeitgeber

Eigentlich ist der Jungfrau-Geborene ein Mensch, der besser dran ist, wenn er eine untergeordnete Rolle spielt. Das entspricht seinem beinahe schüchternen Naturell und kommt ihm auch insofern entgegen als er kein Mensch ist, der seine eigenen Vorzüge anzupreisen versteht. Wenn dieser Sternzeichen-Vertreter versucht, Befehle zu geben, vergreift er sich leicht im Ton und ist verunsichert. Auch sind seine organisatorischen Fähigkeiten nicht gerade überdurchschnittlich, so daß er im Hintergrund tatsächlich die beste Figur macht. Stabilität gewinnt er durch die Hilfe anderer und dadurch, daß er sich auch für andere einsetzen kann.

Am besten ist der Jungfrau-Geborene dort eingesetzt, wo seine analytischen Fähigkeiten und sein wacher Verstand gebraucht werden. Ihm machen Routine und Kleinigkeiten Spaß. Dieser Sternzeichen-Vertreter ist der geborene Diener, als Lehrer, Psychoanalytiker, Techniker oder Krankenpfleger ist er ganz hervorragend.

Viele Jungfrau-Geborene haben eine gute Karriere als Sekretärin, als Kritiker, als Inspektoren, als Wissenschaftler, als Statistiker oder als Buchhalter. Alles in allem braucht der Jungfrau-Geborene nämlich Sicherheit und einen festgefügten finanziellen Hintergrund, auf den er sich verlassen kann, damit er all seine Fähigkeiten unbesorgt einsetzen kann.

In erster Linie ist der überdurchschnittliche Ehrgeiz der Antrieb dafür, daß viele Jungfrau-Geborene über ihren Schatten springen und sich doch in die Rolle des Arbeitgebers begeben.

Dabei sorgt die Liebe zur Perfektion jedoch dafür, daß diese

Vorgesetzten häufig schwierige Chefs sind. Die Genauigkeit und Methodik, mit der diese Sternzeichen-Vertreter vorgehen, sorgen zwar dafür, daß sich finanzielle und berufliche Erfolge schnell einstellen. Unter den Angestellten führen sie jedoch leicht zu Auseinandersetzungen und Frustrationen. Auch fällt es vielen Angestellten schwer, mit dem Jungfrau-Boß auszukommen, weil dieser trotz aller Anstrengung ihre Bemühungen nicht zu würdigen scheint. Immer wieder übt er Kritik, immer wieder hat er an allem möglichen etwas auszusetzen.

Es muß jedoch gesagt werden: Man mag den Jungfrau-Geborenen schwierig, kompliziert und zu kritisch finden – akzeptieren muß man ihn aber so, denn ändern wird er sich nicht. Wer glaubt, sich mit diesen Eigenschaften nicht auseinandersetzen zu können, der sollte gar nicht erst versuchen, unter diesem Chef zu arbeiten.

Hat man jedoch vor, unter dem Jungfrau-Boß Karriere zu machen, dann sollte man sich verdeutlichen, daß man ihn auf keinen Fall ausnutzen kann. Dieser Sternzeichen-Vertreter durchschaut sofort, wenn man ihn versucht zu hintergehen. Nachtragend, wie er nun einmal ist, kann er so etwas nicht verzeihen.

Es ist aber gar nicht so schwierig, in dem Jungfrau-Vorgesetzten auch die Vorzüge zu sehen. Selbst dem neidischsten Angestellten wird klar sein, daß es keinen Chef gibt, der genauer, fleißiger, strebsamer und gewissenhafter ist als dieser. Er ist also durchaus ein erstrebenswertes Vorbild. Das ist ja auch die Basis, auf der sich im allgemeinen doch noch eine gute Zusammenarbeit finden läßt. Der Respekt, der dem Jungfrau-Chef entgegengebracht wird, sorgt dafür, daß man automatisch spurt.

Etwas anderes muß man diesem Boß zugute halten: So schwierig er auch manchmal zu sein scheint und so kompliziert es ist, reibungslos unter ihm zu arbeiten – wenn einmal Not am Mann ist, dann macht sich der Jungfrau-Geborene stark. Die ihm sonst eigene Nervosität fällt von ihm ab. Er ist ruhig und besonnen, er trifft überlegte Entscheidungen und sorgt dafür, daß aus einer kleinen Katastrophe keine große wird. Hat man ihn erst einmal in einer solchen Situation erlebt, dann respektiert man ihn mit all seinen Vorzügen und Schwächen. Alles in allem gilt, dieser Sternzeichen-Vertreter ist ein gerechter, wenngleich nicht ganz einfacher Chef.

Zehn wichtige Verhaltensregeln im Umgang mit dem Jungfrau-Boß

Punkt Nr. 1: Ziehen Sie sich nie zu extravagant an. Bei dem Jungfrau-Geborenen ist Schlichtheit das Schlüsselwort.

Punkt Nr. 2: Lachen Sie diesen Vorgesetzten um Himmels willen nicht aus. Darauf reagiert er schnell sauer. Spaß auf seine Kosten kann er nicht vertragen. Andererseits gilt aber: Wenn er Ihnen einen Witz erzählt, sollten Sie auch dann lachen, wenn Sie ihn schon zehnmal gehört haben.

Punkt Nr. 3: Stellen Sie sich seelisch darauf ein, daß man von Ihnen plötzlich Überstunden erwartet, auch wenn Sie längst für den Abend etwas anderes geplant hatten. Beklagen Sie sich darüber nicht, jedenfalls dann nicht, wenn Sie vorhaben, noch länger unter diesem Boß zu arbeiten.

Punkt Nr. 4: Sollte dieser Vorgesetzte lauthals verkünden, daß er außereheliche Beziehungen verabscheut und dann seinerseits dennoch ein Liebesverhältnis anfängt, dann sollten Sie ihn auf diese Diskrepanz auf keinen Fall hinweisen.

Punkt Nr. 5: Lassen Sie sich von Ihrem Jungfrau-Vorgesetzten nie dabei überraschen, daß Sie über einen schmutzigen Witz von Herzen lachen. Dafür hat er kein Verständnis. Er ist nämlich im Grunde seines Herzens ein Moralist.

Punkt Nr. 6: Sorgen Sie dafür, daß alles in seinem Büro so sauber und so aufgeräumt wie möglich ist. Sie sollten zum Beispiel immer darauf achten, daß sein Aschenbecher täglich mehrere Male geleert und gesäubert wird.

Punkt Nr. 7: Rauchen Sie nicht in seiner Gegenwart, wenn Sie wissen, daß er dieses Laster gerade mit Mühe bekämpft und besiegt hat.

Punkt Nr. 8: Bedenken Sie, daß dieser Vorgesetzte zwar jederzeit in der Lage ist, Ihnen berufliche Ratschläge zu geben und das auch gerne tut, aber verlangen Sie nie, daß er Sie in Ihren Privatangelegenheiten berät, dazu hat er nicht das geringste Talent.

Punkt Nr. 9: Zeigen Sie so viel Ehrgeiz, so viel Interesse und so viel Eifer wie nur irgend möglich. Geben Sie sich aber trotzdem nie den Anschein, als würden Sie versuchen, Ihren Jungfrau-Chef auszubooten. Darauf reagiert er sauer, und als vorsichtiger Mensch setzt er Sie womöglich an die Luft.

Punkt Nr. 10: Legen Sie nicht jedes böse Wort, welches Sie von diesem Vorgesetzten zu hören bekommen, auf die Goldwaage. Oft meint er es nicht so, wenn er Sie anfährt. Er kann nicht über seinen Schatten springen, er muß an gewissen Dingen herumkritteln.

Jungfrauen gefallen lange lange Ketten

Die Jungfrau als Angestellter

Um es vorweg zu nehmen: Er ist der beste Angestellte, den sich ein Chef nur wünschen kann. Der Jungfrau-Geborene ist ehrlich, strebsam, fleißig und gewissenhaft. Darüber hinaus macht er die Belange der Firma stets zu seinen eigenen. Er ist ein Mensch, der von seiner beruflichen Aufgabe auch dann noch träumt, wenn er längst Feierabend hat.

Schwierig ist der Jungfrau-Geborene als Angestellter insofern, als er mitunter für ein schlechtes Betriebs- und Arbeitsklima sorgt, obwohl er nur das Beste will. Seine hektische Art, seine Nervosität und seine Strebsamkeit sind seinen Mitstreitern oft verleidet.

Am günstigsten entwickelt sich sowohl das Arbeitsklima als auch der berufliche Erfolg, wenn die Kontakte zwischen den Kollegen auch auf privater Basis gepflegt werden. Dann nämlich erkennt man, daß die rauhe Schale, die der Jungfrau-Angestellte am Arbeitsplatz an den Tag legt, wirklich nur Schale ist und daß sich darunter ein warmherziger, ja ein sogar ängstlicher, beinahe schüchterner Typ verbirgt, der an Anerkennung interessiert ist und sich krummlegen würde für einen besseren Ruf bei seinen Mitarbeitern.

Pünktlich ist der Jungfrau-Geborene, gewissenhaft und dem Detail verpflichtet. Man kann ihm viele kleine Aufgaben übertragen, die alle mit Akribie erledigt werden müssen und die normalerweise unter den Tisch fallen. Zuverlässig wird er jede Kleinigkeit erledigen. Kein Wunder also, daß er sich im öffentlichen Dienst ganz besonders gut macht, auch bei jeder Schreibtischarbeit.

Überhaupt nicht zu überbieten sind die weiblichen Jungfrauen in der Position einer Sekretärin. Liebevoll kümmern sie sich um ihren

Chef. Durch ihre Gewissenhaftigkeit sorgen sie dafür, daß sämtliche Kalender stimmen. Der Chef, der eine Jungfrau als Sekretärin hat, wird nie einen Termin versäumen oder zu spät kommen. Auch wird es diesem Chef nie passieren, daß er irgend etwas in seiner Ablage nicht wiederfindet. Seine Sekretärin findet es bestimmt. Das von ihr angelegte Archiv ist mustergültig und einmalig.

Da die Jungfrau-Geborenen auch besonders zuverlässig und ehrlich sind, kann man ihnen durchaus verantwortungsvolle Positionen übertragen. Ja, man sollte es sogar, denn je mehr Verantwortung man ihnen gibt, je mehr Vertrauen man ihnen entgegenbringt, desto mehr wachsen sie über sich hinaus und leisten Überdurchschnittliches. Es ist auch gut, wenn man ihnen, nachdem sie ein gewisses Organisationstalent entwickelt haben, zunächst mehr aufbürdet, als sie selbst glauben schaffen zu können. Dann nämlich ist ihr natürlicher Ehrgeiz dermaßen angestachelt, daß sie nicht ruhen und nicht rasten werden, bis sie ein Pensum geschafft haben, das eigentlich nicht zu schaffen war.

Das bedeutet aber auch: Wie kaum andere neigen Jungfrau-Angestellte dazu, sich beruflich zu übernehmen. Sie setzen sich so für die Firma und ihren Job ein, daß sie darüber ihre Gesundheit vergessen. Die Karriere ist ihnen oft wichtiger als ihr Familienleben, und es ist durchaus denkbar, daß sie einen ehelichen Krach oder Familienszenen heraufbeschwören, nur weil sie der Meinung sind, an ihrer beruflichen Karriere basteln zu müssen.

Es kann also durchaus nicht schaden, wenn man gerade diese Angestellten immer wieder einmal bremst und ihnen in Komplimente verpackt mitteilt, daß es nicht von Nachteil ist, wenn sie einmal kürzertreten.

Von einem Arbeitnehmer, der sich übernimmt, hat man schließlich auch nichts, denn dann ist abzusehen, wann er zusammenbricht und ausfällt.

Geradezu auf den Leib geschrieben sind Jungfrau-Geborenen Berufe wie technischer Zeichner, Telefonistin, Buchhalterin, Finanzberater, Steuerberater, Journalist, Kindergärtnerin, Jugendpfleger, im handwerklichen Bereich: Friseuse, Maler, Goldschmiede sowie Bankangestellte.

Test: Sind Sie ein typischer Jungfrau-Geschäftsmann?

Frage Nr. 1: Fällt es Ihnen schwer, im beruflichen Bereich auch mal ein Risiko einzugehen?

Frage Nr. 2: Sind Sie der Meinung, daß die legere Art, sich zu geben und zu kleiden, nicht in ein Büro paßt?

Frage Nr. 3: Sonnen Sie sich in dem Gefühl, daß Sie noch nie mit einer Angestellten eine romantische Beziehung unterhalten haben?

Frage Nr. 4: Arbeiten Sie häufig auch während der Mittagspause?

Frage Nr. 5: Suchen Sie eine Sekretärin mehr nach ihren Fähigkeiten als nach deren Aussehen aus?

Frage Nr. 6: Sind Sie der Meinung, daß Routine das A und O ist, wenn es um geschäftlichen Erfolg geht?

Frage Nr. 7: Macht es Sie kribbelig, wenn sich abzeichnet, daß Sie einen Termin nicht einhalten können?

Frage Nr. 8: Gehen Sie manchmal mit Ihren Angestellten ein wenig zu grob um?

Frage Nr. 9: Ist es Ihnen wichtig, daß Sie jene Menschen, mit denen Sie arbeiten müssen, in jeder Beziehung verstehen?

Frage Nr. 10: Sind Sie mitunter eine zynische Persönlichkeit?

Frage Nr. 11: Regt Sie der Anblick von schmutzigen Schuhen auf?

Frage Nr. 12: Essen Sie gern Gesundheitskost?

Auflösung: Geben Sie sich für jede Frage, die Sie mit einem Ja beantworten mußten zwei Punkte, für jede Frage, die Sie mit einem Nein beantworten mußten, einen Punkt.

Zählen Sie nun Ihre Punkte zusammen.

20–24 Punkte: Sie sind durch und durch ein typischer Jungfrau-Geschäftsmann, aber das ist nicht unbedingt nur gut. Sollten Sie es beruflich nicht ganz weit bringen, dann liegt es daran, daß Sie sich zu lange und zu intensiv bei den Details aufgehalten und dabei die wichtigeren Aspekte einer Idee vernachlässigt haben. Auch stehen Ihnen Ihre Kontaktschwierigkeiten immer wieder einmal im Weg. Wenn Sie es wirklich zu etwas bringen wollen – und das können Sie nur, wenn Sie mit Ihren Mitarbeitern künftig etwas besser auskommen –, dann sollten Sie lernen, Ihre Kritik ein wenig zu zügeln. Lernen Sie, über kleine Fehler und Schwächen ruhig einmal hinwegzusehen. Sie müssen immer davon ausgehen, daß auch Sie nicht hundertprozentig perfekt sind.

16–19 Punkte: Auch dies ein typisches Jungfrau-Ergebnis, doch haben Sie das Glück, daß Sie auf sich mehr Jungfrau-typische Tugenden als Schwächen vereinen. Ihre schnelle Auffassungsgabe, sowie Ihre Fähigkeit, intensiv, konzentriert und hart zu arbeiten, werden Sie weit bringen. Da Sie sich den Respekt Ihrer Mitarbeiter erkämpft haben, kann es eigentlich nicht mehr lange dauern, bis Sie ganz oben sind. In Frage stellen kann man den ganz großen Durchbruch höchstens dann noch, wenn Sie zu ehrgeizig werden und aus diesem Ehrgeiz heraus Ihre Mitstreiter zu mächtig anspornen. Es kann dann passieren, daß Ihre besten Leute abspringen. Bleiben Sie also auf dem mäßigen mittleren Kurs. Bisher sind Sie dabei doch auch ganz gut gefahren.

15 oder weniger Punkte: Sie sind viel zu leger und nehmen die Dinge viel zu leicht, als daß man Sie als einen typischen Jungfrau-Geschäftsmann bezeichnen könnte. Fast sollte man Ihnen raten, daß Sie sich die Horoskope der Waage, des Zwillings oder des Schützen ansehen, um ein Spiegelbild Ihrer selbst zu finden. Im Sternzeichen des Jungfrau-Geborenen finden Sie jedenfalls wenige Charakteristika, die Ihren eigenen entsprechen. Das muß jedoch nicht unbedingt ein Nachteil sein. Viele Jungfrau-Geborene, die ähnlich wie Sie handeln, erreichen durchaus im Geschäftsleben Erhebliches, weil sie rundherum sympathisch sind. Sie sind zwar nicht von eiserner Durchsetzungskraft und gebrauchen nicht die Ellbogen, wenn Sie sich in Verhandlungen begeben, aber dafür gewinnen Sie Ihre Gegenüber schließlich durch Ihren Charme und schließen auf diese Art und Weise doch noch so manchen Vertrag ab.

Die Jungfrau und das liebe Geld

Wenn der Jungfrau-Geborene durch Erbschaft, Fleiß oder wie auch immer plötzlich zu großem Reichtum gelangt, passiert im ersten Moment gar nichts. Während andere Sternzeichen-Vertreter – der Löwe beispielsweise – nun aus dem vollen schöpfen, sich jeden Luxus leisten und der Umwelt zeigen, wie gut es ihnen geht, verhält sich der Jungfrau-Geborene ganz anders. Bescheiden und zurückgezogen freut er sich über die neue finanzielle Lage.

Er jedoch neigt nicht dazu, jetzt zu kaufen, zu verschenken, zu verwöhnen. Vielmehr ist er ein Mensch, der in aller Ruhe das Ganze verdaut. Er überlegt sehr lange und sehr gründlich, wie er den Reichtum am besten genießen kann. Genießen heißt für ihn nicht, Geld unter die Leute zu bringen und etwas davon zu haben, sondern finanzielle Sicherheit im Hintergrund zu wissen. Er wird also sehr sorgfältig eine Möglichkeit suchen, wie er das Geld am geschicktesten investieren kann. Meistens beschließt er dann, eine Bank zu suchen, die ihm hohe Zinsen bietet und die ihm jene Sicherheit garantiert, die ihn ohne Sorgen leben läßt.

Erst wenn er den größten Teil des Vermögens sicher angelegt hat, wird er sich erlauben, sich von einem Restbetrag hier und da Wünsche zu erfüllen. Meistens sind es seine Lieben, die verwöhnt werden, mehr als er selbst. Hier zeigt sich die ihm angeborene Großzügigkeit, die er ja immer leichter anderen gegenüber an den Tag legt, als wenn es darum geht, sich selbst etwas Gutes zu gönnen.

Da der Jungfrau-Geborene aber auch ein Genießer ist, kann es sein, daß man ihn jetzt häufiger als zuvor in einem guten Restaurant, in einer Theatervorstellung oder im Konzert findet.

Das sind jedoch nur Kleinigkeiten. Der große Geldausgeber wird er nicht. Auch ist kaum damit zu rechnen, daß er nun seinen Kleinwagen gegen einen Riesenschlitten eintauscht.

Es könnte jedoch sein, daß gerade dieser Sternzeichen-Vertreter, der so sehr auf Sicherheiten und Beständigkeiten bedacht ist, nun beginnt, sein eigenes Haus zu bauen. Natürlich nur, nachdem er die Bedingungen, unter denen er baut, genau geprüft hat. Da der Jungfrau-Geborene sein Geld im allgemeinen durch Fleiß, Ehrgeiz und Ausdauer verdient, hat er auch vor kleinen Beträgen den notwendigen Respekt. Er hat soviel Respekt, daß ihm nicht im Traum einfallen würde, irgendwelche Dinge zu kaufen, die er nicht unbedingt braucht.

Auch im Umgang mit seinen Kolleginnen und Kollegen bleibt er der alte. Er trumpft nicht auf, er findet nicht, daß er nun für einige Arbeiten zu schade ist, er beginnt nicht, Lokalrunden zu schmeißen. Er zeigt nicht einmal durch seine Mimik, daß es ihm nun besser geht als zuvor. Er trumpft nicht auf, er gibt nicht an, er findet nicht, daß er nun – dank dieses Geldes – etwas Besonderes sei. Ganz anders verhält es sich, wenn er durch Fleiß, durch seiner Hände Arbeit zu einem gewissen Wohlstand gekommen ist. Dann protzt er damit durchaus. Dann findet er auch, daß er Grund hat, auf sich und das Erreichte stolz zu sein.

Geld jedoch, das ihm mehr oder weniger in den Schoß gefallen ist, stellt er nicht gern zur Schau.

Die Jungfrau auf Arbeitssuche

Ehe Sie sich auf Arbeitssuche begeben, sollten Sie sich die Zeit nehmen, sich über Fähigkeiten und Vorzüge klar zu werden. Sie sollten sich eingestehen, daß Sie eigentlich keine typische Führungsperson sind und daß Sie am besten beraten sind, wenn Sie unter einem Vorgesetzten arbeiten, der Ihnen klare Richtlinien gibt und Ihnen ansonsten vertraut. Sie können sich sehr gut mit Kleinigkeiten befassen, die normalerweise vernachlässigt werden. Sie haben Methodik, Stil und Überblick. Sie funktionieren am besten, wenn Sie eine Aufgabe haben, die sich tabellarisch einteilen läßt und somit überschaubar ist.

Hüten Sie sich vor Aufgabenbereichen, die zuviel Kreativität, immer wieder neues Umdenken verlangen und sie darüber hinaus zwingen, sich anderen Menschen unterzuordnen. Das können Sie nicht besonders gut. Sie sollten nicht zu viele Mitarbeiter in gleicher Position haben, weil es dann sehr leicht zu Rangeleien kommen kann. Das läßt sich ausschließen, wenn jeder seinen eigenen, klar abgegrenzten Aufgabenbereich hat, in dem der andere nichts zu suchen hat.

Allgemein gilt, daß der Jungfrau-Vertreter mehr für einen geistigen als für einen manuellen Beruf geeignet ist. Die handwerklichen Fähigkeiten sind zwar durchaus vorhanden, werden aber nicht so gern und so intensiv eingesetzt wie die geistigen. Der natürliche Hang zu Dienen bedingt, daß all jene Berufe empfehlenswert sind, in denen man anderen etwas vermitteln kann oder aber Hilfestellungen gibt.

In den folgenden Gebieten liegen die für Sie passenden und natürlichen Berufe.

Der Schreibtisch einer Jungfrau-Sekretärin ist immer sauber

Ihr eigenes Geschäft

Ehe Sie sich selbständig machen, sollten sie sich einen Partner suchen, der all jene Fähigkeiten hat, die Sie nicht haben. Sie brauchen einen Mann an Ihrer Seite, der Ihre Begeisterungsfähigkeit immer wieder einmal ankurbelt und der Ihre Tendenz wieder ausgleicht, wichtige Dinge zugunsten von Details liegen zu lassen. Wenn Sie vorhaben, sich selbständig zu machen, dann am besten auf dem Gebiet der Finanzen oder der Buchhaltung. Es liegt Ihnen aber auch, ein Hotel zu leiten, Makler zu sein, eine Buchhandlung zu besitzen oder aber einen Schönheits- oder Frisiersalon.

Wenn Sie Ihr eigener Herr sind, sollten Sie bedenken, daß Sie mit Strebsamkeit, Fleiß und Sparsamkeit allein noch nicht den großen finanziellen Durchbruch erreichen können. Wichtig ist in diesem Zusammenhang auch, daß Sie es lernen, Ihre Mitarbeiter zu führen. Sie wissen wahrscheinlich längst selber, daß Sie da noch einigen Mangel aufweisen. Sie neigen dazu, zu sehr den Boß hervorzukehren und vor allen Dingen von Ihren Mitstreitern zu viel zu verlangen. Da Sie Ihr Bestes geben und sich selbst gegenüber sehr hart sind, verlangen Sie Ihren Kolleginnen und Kollegen zuviel ab. Das bedeutet, die Fluktuation wird in Ihrem Geschäft möglicherweise besonders groß sein. Bemühen Sie sich also darum, konzilianter und vor allen Dingen toleranter zu sein. Machen Sie nicht gleich aus einer Mücke einen Elefanten. Wenn jemand sich einmal irrt oder einen Fehler macht, sollten Sie ihn zwar berichtigen, aber nicht insofern nachtragend sein, daß Sie das Versehen immer wieder erwähnen.

Für die Selbständigkeit gilt aber auch, daß Sie jetzt in finanziellen Dingen genauer denken lernen müssen, wenn Sie geschäftliche Abschlüsse tätigen.

Büroarbeit

Büroarbeit, das heißt für Sie in erster Linie Kleinigkeiten, Details, Gewissenhaftigkeit, Ordnung. Sie sollten jedoch, wenn Sie in einem Büro angestellt sind, diese Position nur als Sprungbrett zu einer Führungsposition betrachten. Sie haben das Zeug dazu, einem Büro vorzustehen oder eine Abteilung zu leiten. Gut sind

Sie in der Buchhaltung, aber auch darin, Statistiken auszuwerten. Ihnen liegt es, trockene Zahlen zu übersetzen in Fakten, die jeder begreift.

Als Jungfrau-Geborene sind Sie eine gute Sekretärin, eine gute Kassiererin, aber auch eine gute Verkäuferin oder eine hervorragende Telefonistin. Allgemein gilt, daß die Jungfrau-Geborenen weiblichen Geschlechts über mehr geschäftliche Fähigkeiten verfügen, als die Vertreterinnen der meisten anderen Sternzeichen. Sie haben ganz einfach eine Nase für Geld und für das, was etwas einbringt, sie eignen sich daher auch hervorragend für Verkäuferberufe.

Unterricht

Ihre Redegewandtheit, Ihr ausgezeichnetes Gedächtnis und Ihr Naturell sind gute Voraussetzungen dafür, daß Sie eine gute Lehrkraft abgeben. Am besten ist es, wenn Sie sich auf ein bestimmtes Gebiet spezialisieren. Sprachen liegen Ihnen, Musik und alle geschichtlichen Fächer. Im Umgang mit Kindern sind Sie sehr viel toleranter als im Umgang mit Erwachsenen. Hier zeigen Sie Geduld und Ausdauer und jene Führungsqualitäten, die Sie sonst nur selten an den Tag legen. Sie sind dann kreativ und kommen auch mit den Kleinsten gut zurecht. Daher kann man sich die Jungfrau-Geborenen genauso gut in Kindergärten wie in Schulen vorstellen. Aber auch in der Position eines Bibliothekars sind sie gut. Außerdem geben sie ausgezeichnete Archivare ab.

Akademische Berufe

Hier wäre es empfehlenswert, eine Wissenschaft zu wählen, in der noch Forschungs- und Pionierarbeit geleistet werden muß. Dann nämlich kommen die Kreativität und gleichzeitig auch die Geduld der Jungfrau-Geborenen voll zur Geltung. Besonders geeignet sind die Rechtswissenschaften und die Medizin. Jungfrau-Vertreter sind aber auch sehr gute Ingenieure und erhalten technische Positionen bei Radio und Fernsehen. Überraschenderweise gibt es unter den Psychologen und Psychotherapeuten viele Jungfrau-

Geborene. Hier kommt die Fähigkeit zum Tragen, sich ganz in andere Menschen hineinzuversetzen und deren Probleme zu begreifen. Der analytische Verstand dieser Sternzeichen-Vertreter sorgt dafür, daß sie außerordentlich diffizile seelische Probleme entschlüsseln und somit sehr oft heilen können.

Künste

Alles in allem sind die Jungfrau-Geborenen zu praktisch begabt, um gute Schauspieler oder gute Musiker zu sein. Dafür sind sie exzellente Schriftsteller, wobei sie eine Vorliebe für Fachartikel und Reportagen, weniger für Romane haben. Jungfrau-Geborene sind meistens gute Journalisten oder Reporter sowie gute Kritiker. Darüber hinaus sind sie häufig im Verlagswesen beschäftigt und haben das Zeug, Vortragskünstler zu sein.

Verkauf

Die Persönlichkeit dieser Sternzeichen-Vertreter erlaubt es durchaus, daß sie recht gute Verkäufer abgeben. Manchmal jedoch stehen sie sich dabei selbst im Weg. Sie haben zwar die Zungenfertigkeit und die Schlagfertigkeit, beinahe jedes Produkt an den Mann zu bringen, aber ihre manchmal etwas spröde Art im Umgang mit anderen Menschen vermasselt ihnen dann doch immer wieder so manche, beinahe schon perfekte Sache.

So müssen Sie sich als Jungfrau-Fräulein bewerben, wenn Sie den Job kriegen wollen

Natürlich wissen Sie als typische Jungfrau-Dame sehr wohl um Ihre beruflichen und fachlichen Qualitäten. Aber Ihr zukünftiger Arbeitgeber, kennt er sie auch? Weiß er, was er an Ihnen haben würde? Sind Sie überhaupt der Typ, der sich verkauft, wenn es darum geht, einen begehrten Job zu erringen? Machen Sie bei dem Vorstellungsgespräch eine gute Figur, und sind Sie ein Mensch, der Personalchefs überzeugt?

Falls Sie nicht alle diese Fragen mit einem eindeutigen Ja beantworten konnten, sollten Sie die folgenden zehn Ratschläge beherzigen; sie helfen Ihnen, aus einer Bewerbung erfolgreich hervorzugehen.

Tip Nr. 1: Ihnen kann es passieren, daß Sie sich aus lauter Bescheidenheit wie das berühmte graue Mäuschen kleiden. Sie benutzen kaum Make-up, Sie benutzen keine kosmetischen Hilfsmittel, die dazu dienen könnten, daß Sie wirklich etwas aus Ihrem Typ machen. Da Sie nun wirklich kein Mensch sind, der sich aufdonnert oder zu aufwendig anzieht, brauchen Sie keine Angst davor zu haben, den Eindruck zu erwecken, jemanden durch Ihr Äußeres für sich einnehmen zu wollen. Aber ein bißchen hübsch sollten Sie sich schon machen, vor allen Dingen dann, wenn Sie sich um eine Position bewerben, die mit viel öffentlichem Kontakt verbunden ist.

Tip Nr. 2: Natürlich ist es gerade für Sie schwer, wenn Sie Ihr Naturell verleugnen sollen. Ganz verleugnen müssen Sie es ja nicht, aber trotzdem sollten Sie sich nicht zu eifrig geben. Fallen

Sie nicht gleich mit der Tür ins Haus. Warten Sie ab. Zeigen Sie nicht Ihre Ungeduld. Eine Antwort werden Sie wahrscheinlich innerhalb der ersten fünf Minuten des Gespräches sowieso nicht erhalten. Geben Sie Ihrem Gegenüber Zeit, Sie in Ruhe zu studieren. Sie müssen sich gedulden.

Tip Nr. 3: Seien Sie nicht zu schüchtern. Wenn Sie einen Menschen noch nicht so gut kennen – und den Personalchef kennen sie natürlich nicht –, fällt es Ihnen schwer, den Mund aufzukriegen. Sie möchten nichts sagen, Sie möchten nichts von sich preisgeben und machen einen verschüchterten Eindruck. Damit werden Sie die Stelle aber nicht erhalten. Versuchen Sie bewußt, etwas forscher aufzutreten.

Tip Nr. 4: Sie sind ein Mensch, dem alles Tabellarische liegt, der sich an Kleinigkeiten festhält und Angst hat, irgendein Detail zu vergessen. Das bedingt aber, daß Sie gern einen Lebenslauf abliefern, der viel zu lang ist, um überhaupt gelesen zu werden. Sie dürfen den Personalchef einer großen Firma nicht überfordern. Er hat wenig Zeit. Versuchen Sie also, sich so knapp wie möglich zu fassen. Beschränken Sie sich auf das Wesentliche.

Tip Nr. 5: Wieder einmal geht es um die Kleinigkeiten. Sie möchten jetzt, da Ihnen die Details so sehr am Herzen liegen, alle Wenns und Abers ausschalten und ausklammern können. Das bedeutet, daß Sie tausend Fragen haben. Damit jedoch nerven Sie leicht Ihr Gegenüber. Die entscheidenden Dinge müssen natürlich geklärt werden. Aber alle weiteren Einzelheiten sind nicht Gegenstand des ersten Kontaktgesprächs. Jetzt muß nicht schon jede Eventualität sicher beantwortet sein.

Tip Nr. 6: Ihr Sinn für Genauigkeit bedingt, daß Sie den Vertrag, sollte er zustande gekommen sein, zehnmal lesen möchten. Bitten Sie deshalb darum, daß man Ihnen den Vertrag in Kopie mit nach Hause gibt, bevor Sie unterschreiben, damit Sie in Ruhe alle Paragraphen noch einmal studieren können.

Jungfrauen sind geborene Denker

Tip Nr. 7: Klammern Sie sich nicht an unwichtige Bedingungen. Die Farbe Ihres Arbeitsplatzes, die Art und Weise, wie die Schreibmaschine steht, all das sind Dinge, an denen Sie jetzt besser nicht rühren sollten. Sie können bestimmt, wenn Sie die Stelle erhalten haben, im Laufe der Zeit verschiedenes ändern.

Tip Nr. 8: Es geht natürlich um Ihre berufliche Zukunft. Trotzdem sollten Sie dieses Vorstellungsgespräch nicht zu ernst nehmen und sich dabei vor allen Dingen nicht zu ernst geben. Lächeln Sie doch einmal, auch wenn es um wichtige Dinge geht. Zeigen Sie sich einmal lockerer, nicht so verkrampft.

Tip Nr. 9: Da Sie ein außerordentlich vorsichtiger Mensch sind, der sich möglichst absichert, ehe er ins Wasser springt, möchten Sie den Termin bei Ihrem Personalchef immer wieder hinauszögern. Das macht einen schlechten Eindruck. Irgendwann müssen Sie ja doch Farbe bekennen. Sie büßen Chancen ein, wenn Sie zu lange warten. Klären Sie alle Fragen, die zu klären sind. Machen Sie kein Geheimnis daraus, daß Sie den Job haben möchten, und überwinden Sie Ihre Hemmungen, indem Sie zur Abwechslung einmal forsch auf die Menschen zugehen.

Tip Nr. 10: Als bescheidener Mensch, der seine Fähigkeiten eher unterschätzt, könnte es Ihnen passieren, daß Sie sich zu billig einkaufen lassen. Lassen Sie sich nicht um jeden Preis engagieren. Handeln Sie sorgfältig und genau Ihr Gehalt aus. Das liegt Ihnen zwar ganz und gar nicht, aber da es Ihnen später genauso schwerfällt, um eine Gehaltserhöhung zu bitten, sollten Sie schon dafür sorgen, daß die Honorierung von Anfang an stimmt. Wenn Sie trotzdem Schwierigkeiten haben, ein vernünftiges Gehalt festzusetzen, sollten Sie sich, ehe Sie zu dem Vorstellungsgespräch gehen, beraten lassen. Es gibt tarifliche Tabellen, aus denen Sie ersehen können, was Sie wert sind. Auch kann es nicht schaden, wenn Sie sich das, was Sie in der Vergangenheit verdient haben, ins Gedächtnis zurückrufen. Darunter dürfen Sie sich auf gar keinen Fall verkaufen. Bedenken Sie immer, daß Sie sich um diese Stelle bewerben, weil Sie mehr verdienen wollen. Nur aus ideellen Gründen die Position zu wechseln, wäre etwas, was selbst Ihnen, dem Jungfrau-Fräulein, nicht liegt.

So müssen Sie sich als Jungfrau-Jüngling bewerben, wenn Sie den Job kriegen wollen

Als Jungfrau-Jüngling sind Sie ein Mensch, der sich bei einer Bewerbung schwer tut. Sie stellen Ihr Licht unter den Scheffel, und Sie bedenken oft nicht, daß Sie ein Arbeitnehmer sind, um den sich die Arbeitgeber reißen. Machen Sie sich doch einmal klar, was Sie in die Waagschale zu werfen haben. Tragen Sie ruhig den Kopf etwas höher. Sie sind eifrig, fleißig, pünktlich, pflichtbewußt und gewissenhaft. Sie haben Verantwortungsgefühl und sind loyal. All das sind Eigenschaften, die Sie dazu prädestinieren, jedem Unternehmen ein geschätzter Mitarbeiter zu sein.

Sie sind also ein Mensch, der weiß, welche Pflichten er als Arbeitnehmer zu erfüllen hat. Viel wichtiger ist es für Sie, daß Sie lernen, sich selbst richtig zu verkaufen. Dazu brauchen Sie mehr Selbstbewußtsein und eine Reihe von goldenen Regeln, die Sie hier erfahren.

Tip Nr. 1: Machen Sie sich, wie gesagt, ehe Sie sich vorstellen, klar, daß Sie ein begehrenswerter Arbeitnehmer sind. Zwingen Sie sich zu einer gehörigen Portion Selbstbewußtsein. Wenn Sie nicht einmal an sich glauben, wie wollen Sie dann Ihren zukünftigen Arbeitgeber oder Ihren Personalchef davon überzeugen, daß Sie genau der richtige Mann sind für die ausgeschriebene Position.

Tip Nr. 2: Ihr Ordnungssinn ist bewundernswert und wird Ihnen später, wenn Sie die Stelle erhalten haben, gute Dienste leisten. Nehmen Sie es kommentarlos hin, wenn sich der Schreibtisch Ihres Gegenübers in einem Zustand befindet, daß es Ihnen in den Fingern kribbelt, ein paar Dinge beiseite zu räumen.

Tip Nr. 3: Wenn Sie sich sehr genau über die Arbeit, die vor Ihnen liegt, informiert haben und glauben, hier und da etwas verbessern zu können, dann sollten Sie damit noch eine Weile warten. Man wird früh genug erkennen, daß Sie ein Mensch sind, der kritisch an seine Aufgaben herangeht und auch darüber nörgelt. Halten Sie sich aber jetzt noch zurück.

Tip Nr. 4: Da es Ihnen schwerfällt, sich selbst gut darzustellen, und da Sie sich erst dann profilieren, wenn Sie eingestellt sind, sollten Sie zumindest einen Lebenslauf abliefern, der positiv abgefaßt ist. Lassen Sie sich notfalls dabei helfen. Sie müssen schriftlich festhalten, was Sie können, was Sie gelernt haben und was zu leisten Sie in der Lage sind. Sie sollten aber auch darauf achten, daß dieser Lebenslauf keine Hymne des Eigenlobs und vor allem nicht zu umfangreich wird.

Tip Nr. 5: Sie sind von Natur aus ungeduldig. Jetzt aber müssen Sie Geduld zeigen, und zwar Geduld im Zuhören. Ihr Gegenüber hört sich wahrscheinlich genauso gern sprechen wie andere und hat vielleicht sogar Spaß daran, Ihnen in aller Ausführlichkeit das vor Ihnen liegende Aufgabengebiet klar zu umreißen. Unterbrechen Sie also nicht, sondern machen Sie sich lieber Notizen. Das liegt Ihnen und macht darüber hinaus einen hervorragenden Eindruck.

Tip Nr. 6: Immer wieder werden Ihnen jetzt Fragen gestellt. Das ist verständlich. Sie sollten aber nicht zu ausführlich antworten. Viele Details können Sie sich sparen. Wenn ein Vertrag zustande gekommen und sichergestellt ist, daß Sie eingestellt werden, werden bestimmt noch viele Kleinigkeiten zu besprechen sein. Bei der ersten Kontaktaufnahme ist es aber falsch, sich in Kleinigkeiten zu verlieren.

Tip Nr. 7: Sie sind ein ungeduldiger Typ, den es in den Fingern juckt, eine interessante Arbeit möglichst schnell anzupacken und zum Abschluß zu bringen. Das ist verständlich und wird Ihnen später viele Pluspunkte Ihres Vorgesetzten einbringen. Jetzt jedoch darauf zu drängen, am liebsten schon morgen anfangen zu dürfen, wäre falsch.

Tip Nr. 8: Es hängt wieder einmal mit Ihrem nicht immer intakten Selbstbewußtsein zusammen: Am liebsten möchten Sie, erstens weil Sie so eifrig sind und zweitens weil Sie Ihr Licht unter den Scheffel stellen, schon jetzt Überstunden anbieten. Damit gewinnen Sie keineswegs in den Augen Ihres späteren Vorgesetzten. Wenn Sie durch Fleiß und Eifer und tatsächlich durch Überstunden überzeugen wollen, so ist das Ihr Bier, erwartet wird es nicht unbedingt.

Tip Nr. 9: Sie dürfen bei dem Vorstellungsgespräch nicht zu sehr auf Details herumhacken, obwohl Ihnen das liegt. Vielmehr sollten Sie versuchen, die große Linie der neuen, vor Ihnen liegenden Aufgabe zu sehen. Sonst kann es Ihnen passieren, daß Sie sich an irgendeiner Kleinigkeit festklammern und dabei übersehen, daß das Aufgabengebiet Ihnen gar nicht liegt.

Tip Nr. 10: Setzen Sie und nicht Ihr Gegenüber eine Zeit fest, wann das Vorstellungsgespräch beendet sein soll. Das ist wichtig. Es kann Ihnen sonst passieren, daß Sie in der Hitze des Gefechtes über Ihr Ziel hinausschießen. Sie sind so interessiert an allem und wollen so viele Kleinigkeiten wissen, daß Sie vom Hundertsten ins Tausendste kommen, dabei die große Linie verlieren und Ihr Gegenüber plötzlich nur noch nerven.

Jungfrau-Väter sind gute Lehrer für ihre Söhne

Lernen Sie, Ihren Boß astrologisch richtig zu nehmen

Menschenkenntnis und Einfühlungsvermögen sind wichtige Voraussetzungen dafür, daß man als Angestellter mit seinem Vorgesetzten gut auskommt. Obwohl der Jungfrau-Geborene über diese Fähigkeiten verfügt, kann es gerade zwischen ihm und seinem Chef immer wieder zu Auseinandersetzungen kommen. Der Grund: die leider stark ausgeprägte Kritiksucht, gepaart mit seinem Perfektionismus bedeuten, daß niemand es ihm recht machen kann und daß er ständig versucht, besser zu sein als alle anderen. Das ist natürlich für das Betriebsklima nicht gerade günstig. Auch gibt es Arbeitgeber, die in diesem Sternzeichen-Vertreter einen Menschen sehen, der ihnen einfach eine Spur zu eifrig ist.

Es gibt jedoch eine Reihe von einfachen Tricks, wie man es schaffen kann, sich ohne Verleugnung des eigenen Naturells mit seinem Vorgesetzten über die Runden zu retten. Das Geheimnis: Man stellt fest, unter welchem Sternzeichen der Vorgesetzte geboren wurde und behandelt ihn dann astrologisch richtig. Wie, das erfahren Sie in diesem Kapitel.

Ihr Boß, der Widder

Hier ergibt sich eine recht schwierige Beziehung, weil der Widder das Leben von einem anderen Standpunkt aus betrachtet als der Jungfrau-Geborene. Während der Widder es vorzieht, sich der Gegenwart zu stellen, befaßt sich der Jungfrau-Vertreter gleich mit der Zukunft. Das bedeutet im Geschäftsleben: Er gibt sich keine Mühe, sich große Gedanken zu machen über finanzielle Schwierigkeiten, die im Augenblick auftreten können. Vielmehr sagt er sich, irgendwann wird in der Zukunft schon irgend etwas geschehen, das uns weiterhilft.

Kein Wunder, daß der Widder-Chef für diese Einstellung wenig Verständnis aufbringt. Er hält den Jungfrau-Angestellten für skrupellos und leichtsinnig, beides Eigenschaften, die dem wirklichen Naturell dieses Sternzeichen-Vertreters aber gar nicht entsprechen.

Wenn sich aufgrund der unterschiedlichen Einstellung erst einmal Schwierigkeiten ergeben haben, sollte sich der Jungfrau-Geborene die Mühe machen, seinen Widder-Chef astrologisch zu betrachten. Wer ist dieser Mann, wie kann man ihm beikommen, wie kann man vor allem mit ihm auskommen? Der typische Widder ist voller Energie, voller Begeisterungsfähigkeit und rundherum positiv. Seine Schwächen liegen in einem impulsiven Verhalten und in einem Mangel an Voraussicht.

Ihr Boß, der Stier

Das ist eine recht gute Beziehung. Die Persönlichkeiten des Stiers und der Jungfrau-Geborenen kollidieren nicht, sondern ergänzen sich auf harmonische Art und Weise. Man hat ähnliche Ziele, ähnliche Pläne und ähnliche Ideale. Beiden Typen ist gemeinsam, daß man auf dem Boden der Tatsachen bleibt, daß man sich eine solide Basis schafft und daß man kein Traumtänzer ist.

Trotzdem ist dem Jungfrau-Angestellten zu raten, etwas mehr Toleranz zu zeigen, als es seinem Naturell entspricht. Er neigt nämlich dazu, alle Menschen um sich herum außerordentlich kritisch zu betrachten und versucht, ihnen seine Lebensform und seinen Arbeitsstil aufzudrängen. Das ist in diesem Fall keineswegs gut. Der zur Trägheit, gleichzeitig aber auch zur Sturheit neigende Stier wird zutiefst getroffen sein, wenn er diese Tendenz bemerkt. Besser ist es, ihn so zu nehmen, wie er nun einmal ist und sich klar zu machen, daß, astrologisch gesehen, der Stier-Geborene zwar kein bequemer Vorgesetzter ist, aber dennoch ein Mann, unter dem man beruflich weiterkommen kann.

Ihr Boß, der Zwilling

Da diese beiden Sternzeichen-Vertreter vom Merkur beherrscht werden, überrascht es nicht, daß Sie eine Reihe von Ähnlichkeiten aufweisen, die man jedoch nicht auf den ersten Blick erkennt. Zunächst scheint es, als müßte es sofort zu einer Riesenauseinandersetzung kommen. Der sehr ernsthaft veranlagte Jungfrau-Geborene hält nämlich seinen Zwillinge-Vorgesetzten fälschlicherweise für einen Schwächling. Er kann sich nicht vorstellen, daß ein so phantasiebegabter, beweglicher und scheinbar leichtsinniger Mensch auch Stärken hat. Vor allen Dingen bezweifelt er, daß man gemeinsam berufliche Erfolge erringen kann.

Allgemein gilt, daß der Zwillinge-Vorgesetzte am besten mit einem Jungfrau-Angestellten auskommt, wenn man sich nicht so häufig sieht. Wenn es sich vermeiden läßt, sollte man auf keinen Fall Seite an Seite im gleichen Raum arbeiten. Überhaupt ist ratsam, daß die Arbeitsgebiete intensiv getrennt sind. Ein Jungfrau-Angestellter, der sich ausgerechnet von einem Zwillinge-Chef über die Schulter gucken lassen muß, kann nichts leisten. Hat er jedoch seinen abgegrenzten Bereich, für den er allein verantwortlich zeichnet, dann ist die Situation gerettet. Dann kann er auch zeigen, was in ihm steckt. Und dann gelingt es ihm, zu dem Zwillinge-Chef einen Draht zu finden und überrascht festzustellen, daß man einander so unähnlich gar nicht ist. Beiden gemeinsam ist eine ausgeprägte Intelligenz, eine rasche Auffassungsgabe und große geistige Wendigkeit.

Ihr Boß, der Krebs

Dies ist eine Partnerschaft, über die sich Außenstehende häufig amüsieren. Dem Krebs-Geborenen und dem Jungfrau-Angestellten ist nämlich gemeinsam, daß sie beide ausgesprochen gern über Kleinigkeiten sprechen, bei ihnen verweilen und richtig auswalzen. Zu diesen Kleinigkeiten können auch Wehwehchen gehören. Wenn man den beiden zuhört und vermutet hatte, daß sie sich über wichtige geschäftliche Dinge unterhalten, so hat man sich getäuscht.

Diese Art, miteinander umzugehen, ist jedoch nur oberflächlich. Je länger man den Krebs-Chef und seinen Jungfrau-Angestellten kennt, desto intensiver begreift man, daß hier eine sehr enge Beziehung entstanden ist, und zwar von Anfang an. Man ergänzt sich nämlich sehr gut und weiß um die Gefahr, einander weh zu tun. Beide Sternzeichen-Kinder sind außerordentlich sensibel und spüren diese Empfindsamkeit beim anderen. Da sie selbst nicht verletzt sein wollen, halten sie sich zurück.

Der Jungfrau-Angestellte begreift dank seines Verstandes meistens recht schnell, um welchen astrologischen Vertreter es sich bei seinem Krebs-Vorgesetzten handelt. Er weiß, daß dieser sensitiv ist, verständnisvoll, phantasiebegabt und ehrgeizig. Er verbucht aber auch, daß gerade dieser Mensch zum Selbstmitleid und zur Hypochondrie neigt. Letzteres sind jedoch Schwächen, die auch dem Jungfrau-Angestellten nicht fremd sind.

Ihr Boß, der Löwe

Man kann sich eines Lächelns nicht enthalten, wenn man diese beiden so unterschiedlichen Charaktere nebeneinander sieht. Größere Gegensätze sind kaum vorstellbar. Während der Löwe-Chef das Großartige, das Leuchtende, das Teure und das Luxuriöse liebt, gibt sich der Jungfrau-Angestellte lieber mit dem Kleinformatigen, Bescheidenen, Grauen zufrieden. Es muß also logischerweise ein Mittelweg gefunden werden, wenn diese beiden überhaupt miteinander über die Runden kommen wollen. Wieder einmal ist es die Intelligenz, die dem Jungfrau-Geborenen hilft, mit einem so schwierigen Chef fertig zu werden. Er erkennt nämlich, daß unter dieser dynamischen, nach außen gehenden, beinahe wilden Art des Vorgesetzten ein sensitives Ego schlummert, das ständig gestreichelt werden muß. Er begreift darüber hinaus, daß vieles von dem, was der Löwe-Boß sagt und tut, nur aufgesetzt ist, und daß er im Grunde seines Herzens ein sehr toleranter Mensch ist, der genauso seine Anerkennung braucht wie der Jungfrau-Geborene.

Schwierigkeiten ergeben sich daraus, daß der Löwe großen Wert auf seine Führungsposition legt. Daran muß sich der Angestellte des Zeichens Jungfrau erst gewöhnen. Ihm selbst nämlich liegt es auch, ein Mitspracherecht zu haben und gute Ideen an den Mann bringen zu dürfen. Erst wenn man gelernt hat, einander zu tolerieren und wenn der Jungfrau-Angestellte aufhört, den Löwen zu kritisieren, lassen sich gemeinsame Wege finden. Dann nämlich begreift auch der Löwe-Boß, daß er einen Angestellten hat, der für ihn buchstäblich durchs Feuer geht, der nie müde wird und auf den er sich hundertprozentig verlassen kann.

Loyalität ist etwas, womit jeder Löwe-Vertreter viel anfangen kann. Das ist daher auch die Basis, auf der man sich schließlich findet.

Ihr Boß, der Jungfrau-Mann

Daß sich zwei seelenverwandte Menschen gesucht und gefunden haben, kann bei aller Liebe nicht behauptet werden. Das ist nur der erste Eindruck. Während der ersten Monate der Zusammenarbeit werden sowohl der Jungfrau-Chef als auch der Jungfrau-Angestellte über den Wolken schweben vor Glückseligkeit, weil sie glauben, endlich einen Menschen gefunden zu haben, der sie wirklich versteht. Das ist jedoch ein Irrtum. Schon bald zeigt sich, daß die bei beiden vorhandene Tendenz, an allem herumzunörgeln, zu einem Nervenkrieg führen kann. Der eine macht es dem anderen nicht mehr recht.

Keiner gönnt dem anderen Erfolge, keiner gibt dem anderen Streicheleinheiten, keiner ermutigt den anderen.

Dieser Kreislauf schließt sich so, wie er sich schließen muß: Man ist bereit, auseinanderzugehen in einem Moment, wo man gerade die größten Schwierigkeiten überwunden hat. Jetzt wäre es an der Zeit, sich einmal mit offenem Herzen und großer Bereitschaft zusammenzusetzen und die Schwierigkeiten durchzudiskutieren. Da man ja unter dem gleichen Sternzeichen geboren wurde und somit einen ganz besonderen Draht zueinander hat, läßt sich mit hoher Wahrscheinlichkeit eine adäquate Lösung finden. Die sieht meistens folgendermaßen aus: Der Jungfrau-Chef hat längst erkannt, daß er in diesem Angestellten einen sehr zuverlässigen, gewissenhaften und eifrigen Mitarbeiter hat. Er begreift aber auch, daß dieser Mensch seinen eigenen Arbeitsbereich haben muß, für den nur er verantwortlich ist. Er weiß, daß man ihm nicht dreinreden darf und daß man ihn auch dann nicht kritisieren sollte, wenn er sich an tausend Kleinigkeiten festhält. Im Nachhinein stellt man ja fest, daß es gerade diese Liebe zum Detail war, die den beruflichen Erfolg ausgemacht hat.

Ihr Boß, der Waage-Mann

Zunächst wird es dem Jungfrau-Angestellten nicht gelingen, sich dem Charme des Waage-Chefs zu entziehen. Auf gesellschaftlicher Ebene wird man sich hervorragend verstehen und überzeugt sein, daß man auch im beruflichen Alltag gut miteinander auskommt. Da jedoch könnte man sich geirrt haben.

Die Schwierigkeiten beginnen dann, wenn die Routine des beruflichen Alltags eingesetzt hat. Der Jungfrau-Angestellte mag zwar das komplizierte Liebesleben seines Chefs tolerieren, das ihn immer wieder von der Arbeit ablenkt, und sogar begreifen, daß sich der Waage-Chef nur schwer zu irgend etwas entschließen kann.

Verzeihen und verstehen wird er jedoch nie, daß dieser Mensch keinerlei Beziehung zum Geld hat, falsche Investitionen tätigt und sich, wenn es um wirklich wichtige Abschlüsse geht, verzettelt.

Andererseits sind ja gerade die Schwächen des Waage-Vorgesetzten die besten Chancen für den Jungfrau-Angestellten, beruflich schnell Erfolg zu haben. Wenn er hier seinem Chef ein wenig auf die Finger sieht, wenn er ihn davor bewahrt, finanziell falsche Entscheidungen zu treffen, und wenn er seinen Terminkalender in Ordnung hält, dann macht er sich sehr schnell unentbehrlich. Unentbehrlichkeit ist erfahrungsgemäß die beste Voraussetzung dafür, daß man es in einer Firma sehr weit bringt.

Zu Auseinandersetzungen kommt es in der ersten Zeit jedoch unweigerlich. Das liegt daran, daß der Waage-Boß keineswegs gewillt ist, die Kritiksucht seines Angestellten hinzunehmen. Er sieht nicht ein, daß er als Vorgesetzter wegen Kleinigkeiten wie ein Schuljunge abgekanzelt werden soll. Wenn der Jungfrau-Angestellte erst einmal diese Dinge begriffen hat, wenn er sich da zügelt und etwas mehr Toleranz zeigt, kann sich die Zusammenarbeit durchaus positiv gestalten. Es kommt nämlich auch hinzu, daß sich diese beiden Sternzeichen-Vertreter in vielfacher Beziehung sehr wohl ergänzen. Die Liebe zum Detail ist dem Jungfrau-Angestell-

Jungfrau-Beamte sind oft gefürchtet

ten ans Herz gewachsen, dem Waage-Menschen verhaßt. Der finanzielle Überblick des Jungfrau-Menschen hilft dem Waage-Boß und trägt ihm berufliche Erfolge ein.

Ihr Boß, der Skorpion-Mann

Hier fliegen buchstäblich von Anfang an die Fetzen. So sehr sich die beiden auch bemühen, es scheint nicht klappen zu wollen. Der Grund ist einfach: Sowohl der Skorpion-Chef als auch der Jungfrau-Angestellte lieben die Kritik.

Beide sind Perfektionisten, die noch dazu überzeugt sind, daß nur sie selbst es gut und richtig machen können. Keiner ist also bereit, zurückzutreten, und keiner gibt sich mit einer Rolle im Hintergrund zufrieden. An sich ist das überraschend. Normalerweise reicht es dem Jungfrau-Angestellten, in der zweiten Reihe zu sitzen.

Der Skorpion-Chef aber reizt ihn so, daß er sich immer wieder in den Vordergrund drängt. Die Machtkämpfe sind deshalb unausweichlich.

Wie sich die berufliche Zusammenarbeit auf lange Sicht gestalten wird, hängt nun ganz davon ab, wer diesen Machtkampf gewinnt. Gelingt es dem Skorpion-Chef, den Boß hervorzukehren, ohne den Jungfrau-Angestellten so zu verletzten, daß dieser die Flinte ins Korn wirft, dann ist die Sache bereits gelaufen. Dann lernt man, sich miteinander zu arrangieren, und im Laufe dieser Zeit begreift man auch, was man aneinander hat. Der Jungfrau-Geborene wird begreifen, daß der Skorpion energiegeladen ist, unabhängig und entschlossen. Er begreift auch, daß dieser Mensch zu Extremen neigt und mitunter auf den Boden der Tatsachen zurückgeführt werden muß. Wenn er sich dazu ein etwas dickeres Fell anschafft und etwas mehr Diplomatie in die Waagschale wirft, um diesen Chef auch einmal zu führen, dann zeichnet sich eine rosige Zukunft ab.

Der Skorpion-Chef schätzt an dem Jungfrau-Angestellten in erster Linie die Pünktlichkeit – das ist eine Tugend, über die er selbst nicht verfügt – sowie den Fleiß. Wenn die Erfahrung ihm gezeigt hat, daß er sich auf diesen Angestellten auch in Krisensituationen verlassen kann, dann ist er gern bereit, dem Jungfrau-

Geborenen größere berufliche Chancen einzuräumen und ihm den Weg nach oben zu ebnen.

Privat sollten es diese beiden unterschiedlichen Charaktere nicht unbedingt miteinander versuchen. Da liegt eine große Gefahr. Wenn der Jungfrau-Angestellte erst einmal mit seinem Chef auf vertrautem Fuß steht und der Meinung ist, sich nun einige Freiheiten herausnehmen zu dürfen, dann neigt er wie kein anderer dazu, wieder zu kritisieren. All das, was mühsam aufgebaut wurde an gegenseitiger Toleranz, wäre damit wieder im Eimer.

Ihr Boß, der Schütze

Unterschiedlicher geht es kaum. Die leichte, lockere Art des Schützen, seine Lebensfreude und sein Humor liegen dem eher strengen und ernsten Jungfrau-Angestellten gar nicht. Er kann nicht begreifen, daß ein in seinen Augen so leichtfertiger Mensch berufliche Erfolge erringen konnte. Daher versucht er auch, sich nun gegen diesen Chef zu stellen. Er redet sich ein, nur wenn er sich von ihm distanziert, kann er selbst auf einen grünen Zweig kommen. Das ist jedoch ein ganz großer Irrtum.

Wenn der Jungfrau-Angestellte es lernt, den Schützen durch eine sympathischere Brille zu sehen und sich dessen astrologisches Bild einmal vor Augen hält, hat er noch eine Chance, sich mit dem Schützen zu arrangieren. Der typische Schütze ist ehrlich, impulsiv, freiheitsliebend und voller Abenteuerlust. Seine Schwächen liegen darin, daß er ungeduldig ist und sich auf diese Art und Weise so manchen geschäftlichen Abschluß vermasselt. Da liegt aber gerade die Stärke und somit auch die Chance des Jungfrau-Angestellten. Er kann mit seiner Liebe zum Detail einer Debatte stundenlang zuhören, er kann immer wieder über die gleichen Paragraphen sprechen und sich das Für und Wider des Gegenübers in aller Geduld anhören. Da er aber dabei auch einen großen finanziellen Überblick hat, über überdurchschnittliche Intelligenz verfügt und ihm die Belange seiner Firma stets ans Herz gewachsen sind, vergißt er bei dieser Feilscherei nie, worum es wirklich geht. Wenn der Schütze-Chef diese Fähigkeiten seines Jungfrau-Angestellten erst einmal erkannt hat, wird die Zusammenarbeit durchaus funktionieren. Man wird davon ausgehen, daß man sich einigermaßen ergänzt und wird aufhören, die unterschiedlichen Charaktere als einen Hinderungsgrund auf dem Weg zum Erfolg zu beurteilen.

Ihr Boß, der Steinbock

Diese Partnerschaft erweist sich meistens als sehr glücklich. Sowohl der Steinbock-Chef als auch der Jungfrau-Angestellte halten gern am Geld fest. Sie investieren vorsichtig, überlegen sich einen Abschluß gründlich und machen nur selten Fehler. Sehr früh erkennen sie die Fähigkeiten des anderen an. Schwierigkeiten gibt es lediglich am Anfang, wenn der Jungfrau-Angestellte lernen muß, in dem Steinbock den Boß zu sehen.

Es gibt jedoch noch eine Reihe von Dingen, die bedacht werden müssen. Der Jungfrau-Angestellte darf nicht zu sehr seine spitze Zunge gebrauchen, während der Steinbock-Chef sich bemühen sollte, nicht von einer Depression in die andere zu fallen. Wenn er immer nur eine schwarze Zukunft malt, kann er den Jungfrau-Angestellten dahingehend beeinflussen, daß dieser auch für sich selbst keine Chance mehr ausrechnet und die Flinte ins Korn wirft.

Besser ist es da schon, wenn sich dieser Jungfrau-Angestellte den Steinbock-Boß einmal astrologisch betrachtet. Hier hat er einen Menschen, der ehrgeizig ist, konservativ und fleißig. Seine Schwäche liegt darin, daß er sich selbst meistens im Weg steht. Er schafft es nicht, richtig abzuschalten und auszuspannen. Wenn der Jungfrau-Angestellte das einmal begriffen hat, kann er einen entscheidenden Fehler vermeiden. Da er selbst ja ein sehr fleißiger, strebsamer und ehrgeiziger Mensch ist, kann seine Arbeitswut diesen Chef anstecken. Gemeinsam versetzt man dann zwar Berge, doch der Preis für diesen Erfolg ist hoch. Man bleibt irgendwann einmal gesundheitlich auf der Strecke.

Ihr Boß, der Wassermann

Diese beiden brauchen lange, bis sie zueinander finden. Der Jungfrau-Angestellte hat wenig Verständnis für die Höhenflüge seines Wassermann-Chefs. Er begreift nicht, daß dieser voll aus der Phantasie schöpft, daß er dort seine Kreativität hernimmt und daß er nur die großen Linien verfolgt. Die Kleinigkeiten, die dem Jungfrau-Angestellten doch so sehr ans Herz gewachsen sind, nimmt er überhaupt nicht zur Kenntnis.

Trotzdem ist die Beziehung nicht von vornherein zum Scheitern verurteilt. Der typische Wassermann ist klug genug, um im Laufe der Zeit zu erkennen, daß all das, was der Jungfrau-Angestellte im Hintergrund und ohne großen Aufwand scheinbar nebenbei erledigt, die Basis dafür ist, daß er seine großen beruflichen Erfolge feiern kann. Er wird schnell einsehen, daß gerade dieser Angestellte für ihn unentbehrlich ist, weil er all das tut, was er selbst gern delegiert.

Der Jungfrau-Angestellte wird irgendwann einmal begreifen, daß er den Wassermann unterschätzt hat. Seine Abschlüsse kriegt er schließlich doch unter Dach und Fach.

Auf Dauer gestaltet sich das Verhältnis zwischen diesen beiden ungleichen Sternzeichen-Vertretern um so besser, je genauer der Jungfrau-Angestellte begriffen hat, um welchen astrologischen Charakter es sich hier handelt. Der typische Wassermann ist mitteilsam, anpassungsfähig und wendig. Seine Schwäche besteht darin, daß er jeden um sich herum reformieren und verändern möchte. Auch geht er oft recht skrupellos mit den Gefühlen seiner Mitmenschen um. Da lauert natürlich für den sensiblen Jungfrau-Angestellten eine große Gefahr. Er muß lernen, daß er im Umgang mit diesem Chef ein dickes Fell braucht. Er darf nicht jedes Wort auf die Goldwaage legen, und vor allen Dingen darf er sich nicht dazu verleiten lassen, nun mit der für ihn typischen Art auf Beleidigungen zu reagieren, nämlich mit Sticheleien.

Ihr Boß, der Fische-Geborene

Das könnte eine recht schwierige Partnerschaft werden, denn beide Sternzeichen-Vertreter sind komplexe, sehr vielseitige Wesen, mit denen nicht unbedingt ein leichtes Auskommen ist. Viel Zeit wird damit vertan, daß man im Kreis rennt, daß man sich nicht festlegt, daß man sich gegenseitig beschnuppert und sich dennoch nicht versteht. Hier hilft nur eins: man muß astrologisch vorgehen. Der Jungfrau-Angestellte muß begreifen, daß sein Fische-Boß im

Grunde genommen ein Träumer ist, sich für die finanzielle Seite eines Geschäftes gar nicht interessiert und es am liebsten hätte, wenn man die Welt mit Liebenswürdigkeit regieren könnte. Er selbst dagegen ist ein Realist, dessen Stimmung von den Bankauszügen abhängt und der mit Tagträumereien überhaupt nichts anfangen kann.

Daß es trotzdem klappt, liegt in erster Linie an dem Charme des Fische-Vertreters. Dieser Vorgesetzte wickelt beinahe alle Angestellten um den kleinen Finger. Auch ist er großzügig im Verteilen von Komplimenten und weiß all die Kleinarbeit des Jungfrau-Angestellten zu schätzen. Dieser hinwiederum übertrifft sich selbst, wenn er merkt, daß er anerkannt wird. Er dürstet ja so sehr nach Lob und Bestätigung. Nun einen Chef zu haben, der ihn zu würdigen weiß, kommt seinem Ego ganz schnell zugute.

Recht schnell erkennt der Jungfrau-Angestellte dann, wen er hier als Chef vor sich hat. Er hat einen freundlichen, liebenswerten, sensitiven und nachgebenden Mann, der fern aller Realitäten lebt und darunter leidet, daß er sich nur schwer entscheiden kann und oft von einer Stimmung in die andere kippt. Da ist jedoch der beständige Jungfrau-Angestellte eine große Hilfe. Er nimmt nicht nur die finanziellen Entscheidungen in seine Hand, die der Fische-Boß gar nicht kennt.

Wenn die Jungfrau Erfolg hat

Was würden Sie tun, wenn Sie unerwartet über eine größere Menge Geld verfügen könnten, sei es nun, daß Sie es gewonnen, ererbt oder sogar erarbeitet haben? Würden Sie das Geld auf die hohe Kante legen? Würden Sie es sofort wieder unter die Leute bringen? Würden Sie sich vielleicht umgehend Wünsche erfüllen, die bisher nicht erfüllbar waren?

Lesen Sie doch einmal nach, wie auch der Umgang mit plötzlichem Reichtum von der Astrologie bestimmt wird.

Ein Jungfrau-Geborener, der unerwartet Erfolg hat, verändert sich nur wenig. Sein Selbstbewußtsein ist nun zwar aufgerichtet, er steht seinen Mann, er strahlt viel mehr aus als sonst. Aber in seinem Verhalten wird er immer noch der alte bleiben. Er ist nun mal kein Verschwender. Er ist ein Sparer und ein Mensch mit Weitblick. Ihm liegen vorsichtige Investitionen und genaue Kalkulationen.

Bei dem Jungfrau-Geborenen ist es vielmehr die innere Einstellung, die sich nun verändert. Er wächst über sich selbst hinaus und entwickelt jenes Selbstvertrauen, an dem es ihm sonst so oft mangelt. Dazu braucht er kein schnelles Auto, keine teuren Kleider, kein protziges Haus. Auch wenn er längst unter die Millionäre gegangen sein sollte, bleibt er im Grunde seines Herzens ein eher bescheidener Typ, der sich gern im Hintergrund hält und bestimmt nicht – wie es beispielsweise der Löwe gut tun könnte – auftrumpft. Er wird keine wilden Partys geben, er wird mit seinem Reichtum nicht angeben und ihn vor allen Dingen nicht zur Schau stellen.

Andererseits wird er aber nun gut schlafen. Er braucht nun

einmal die finanzielle Sicherheit und Unabhängigkeit, um seine Ruhe finden zu können. Daß er nun aber seinen Job aufgeben würde, weil er es nicht mehr nötig hat, zu arbeiten, ist völlig undenkbar. Ein Jungfrau-Geborener – und das gilt sowohl für die weiblichen als auch für die männlichen Vertreter dieses Sternzeichens – braucht seine tägliche Arbeit, um mit sich und der Welt zufrieden zu sein. Müßiggang ist ihm verhaßt, und er braucht außerdem seine Routine, und die läßt sich nur schwer erhalten, wenn keine Bürostunden einen gewissen Rhythmus vorschreiben.

Während vor allem der Widder, der Skorpion und der Steinbock dazu neigen, finanziellen Erfolg im Umgang mit anderen zu zeigen, ist der Jungfrau-Geborene ganz anders. Ihm liegt es nicht, nur aufgrund seines Geldes den Boß zu spielen. Er bleibt er selbst und zeigt höchstens im Umgang mit seinen Lieben eine etwas größere Toleranz. Hier nun kann man merken, daß es ihm eine Nummer besser geht. Er wird beginnen, die Seinen zu verwöhnen und wird endlich nicht mehr jeden Pfennig zählen. Verschwenden wird er dennoch nichts.

Jungfrauen nähen oft ihre Kleider selbst

Wenn die Jungfrau Pech hat

Wie verhalten Sie sich eigentlich, wenn Sie von einem plötzlichen finanziellen Desaster heimgesucht werden? Wie reagieren Sie auf unerwartete Krisen? Verlieren Sie sofort den Kopf, oder schaffen Sie es, sich auch aus einer unangenehmen schwierigen Situation wieder zu befreien? Werden Sie mit Unabänderlichkeiten fertig?

Lesen Sie das doch einmal nach, denn auch dieses Verhalten ist weitgehend von Ihrem Sternzeichen geprägt.

Der typische Jungfrau-Geborene ist gut ausgerüstet, um auch mit einem finanziellen Rückschlag fertig zu werden. Erstens schützt er sich außerordentlich intensiv davor, daß er nie ganz ohne Mittel dasteht, und zweitens hilft ihm seine Einstellung. Er ist nämlich der Meinung, daß man nicht unbedingt im Luxus leben muß. Ihn stört es nicht, wenn er sich einmal einschränken muß. Die Leidtragenden in einem solchen Fall sind viel eher die Mitglieder seiner Familie. Sie nämlich werden nicht nur den Gürtel enger schnallen müssen, sondern sie werden sich vor allen Dingen das ständige Nörgeln des Jungfrau-Vertreters anzuhören haben.

Die innere Stimmung des Jungfrau-Typs leidet ganz erheblich unter dem Rückschlag. Die eiserne Disziplin führt nun dazu, daß er noch härter, noch verbissener, noch strebsamer arbeitet als bisher. Man wird ihn kaum zu Gesicht bekommen. Das alles hat natürlich auch seine guten Seiten. Die finanzielle Sicherheit wird er auf Biegen und Brechen wiederherstellen, koste es, was es wolle. Er ist sogar so fanatisch, daß er riskiert, daß seine Familie bei diesem Versuch auseinanderfällt.

Paradoxerweise wird der echte Jungfrau-Vertreter mit Tragödien anderer Art viel eher fertig als mit finanziellen Rückschlägen.

Er kann Schlappen im privaten Bereich viel leichter hinnehmen als Dinge, die ihm ans Portemonnaie gehen. Das liegt aber daran, daß bei ihm beruflicher Erfolg und finanzielle Sicherheit eng beieinander liegen. Für sein empfindsames Ego braucht er das Bewußtsein, für sich und die Seinen wohl gesorgt zu haben.

Der große Test: Haben Sie überhaupt den richtigen Job?

Nichts ist für einen Menschen schlimmer, als Tag für Tag einer Arbeit nachgehen zu müssen, die ihm im Grunde nicht liegt, oder die ihn nicht interessiert. Studien haben wieder gezeigt, daß solche Arbeitnehmer, die falsch eingesetzt sind, besonders schnell an Erschöpfungserscheinungen leiden und auffallend häufig krank sind.

Wie sieht das bei Ihnen aus? Haben Sie den richtigen Job? Testen Sie das doch einmal!

Nr. 1: Haben Sie dort, wo Sie arbeiten, Ihren fest umrissenen Bereich, in den Ihnen niemand hineinreden kann?

Nr. 2: Steht bei Ihnen die Bezahlung in einem direkten Verhältnis zu Ihrem Arbeitsaufwand?

Nr. 3: Sind Sie gegen die gleitende Arbeitszeit, weil Sie finden, daß das dem einzelnen zu viele Freiheiten einräumt?

Nr. 4: Legen Sie bei Ihrer Sekretärin kaum Wert auf ihr Äußeres, so lange dieses gepflegt ist, weil Sie finden, daß anderen die fachlichen Qualitäten sehr viel wichtiger sind?

Nr. 5: Räumen Sie Ihren Arbeitsplatz grundsätzlich selbst auf, weil Sie der Meinung sind, daß nur auf diese Art und Weise die bestehende Ordnung erhalten bleibt?

Kleine Jungfrau-Mädchen helfen ihren Müttern

Nr. 6: Sind Sie ein Mensch, der auch gern einmal am Wochenende arbeitet, weil dann Liegengebliebenes in aller Ruhe erledigt werden kann?

Nr. 7: Sehen Sie für sich selbst in beruflicher Hinsicht einen deutlich vorgezeichneten Weg nach oben?

Nr. 8: Spüren Sie, daß die Arbeit, die Sie jetzt verrichten, von den anderen anerkannt wird?

Nr. 9: Sorgen Sie bis zu einem gewissen Grad bei Ihren Mitarbeitern für Zucht und Ordnung?

Nr. 10: Sind Sie schon lange bei der gleichen Firma bzw. in der gleichen Position?

Nr. 11: Hand aufs Herz: Arbeiten Sie gern?

Nr. 12: Haben Sie eigentlich noch nie blau gemacht?

Nr. 13: Empfinden Sie beruflichen Streß in gewisser Beziehung auch als belebend?

Nr. 14: Sind Sie in der Lage, berufliche Belange und private Dinge streng voneinander zu trennen?

Nr. 15: Lieben Sie, wenn Sie mit sich selbst ehrlich sind, die Position der „grauen Eminenz“?

Geben Sie sich für jede Frage, die Sie mit einem Ja beantworten mußten, zwei Punkte, für jede mit einem Nein beantwortete Frage je einen Punkt, und zählen Sie dann Ihre Punkte zusammen:

15–20 Punkte: Wenn Sie ein etwas beweglicherer Mensch wären, hätten Sie Ihre jetzige Arbeit längst aufgegeben. Sie spüren es ja selbst, daß Sie morgens keine Lust haben aufzustehen und anzufangen. Ihnen ist schon beinahe alles zuwider. Sie halten lediglich an der Routine fest und bleiben der augenblicklichen beruflichen Situation verhaftet, weil Sie ein Mensch sind, der sich nur ungern verändert. Das ist jedoch ein entscheidender Fehler.

Überdenken Sie doch einmal Ihre Situation. Wenn Sie noch jung sind, müssen Sie davon ausgehen, daß noch viele Jahrzehnte des beruflichen Alltags vor Ihnen liegen. Die Arbeit muß Ihnen Spaß machen, wenn Sie das durchhalten sollen. Verändern Sie sich lieber jetzt, als daß Sie ein Leben lang eine Tätigkeit ausüben, die Ihnen nicht liegt.

21–25 Punkte: Im großen und ganzen können Sie mit Ihrem beruflichen Alltag zufrieden sein. Sie würden zwar hin und wieder gern mehr Komplimente hören und das Bewußtsein haben, daß man Sie zu schätzen weiß, aber andererseits ist Ihre Position nicht gefährdet.

Um noch mehr berufliche Zufriedenheit zu erlangen, sollten Sie sich um einen fester umgrenzten Arbeitsbereich bemühen. Sie sollten versuchen, die Verantwortung für ein bestimmtes Aufgabengebiet zu übernehmen. Überzeugen Sie Ihre Chefs davon, daß Sie am besten arbeiten, wenn Ihnen niemand über die Schulter guckt. Auch wäre es ratsam, wenn Sie sich darum bemühen, nicht immer nur im Verborgenen zu blühen. Sie bleiben zwar gern im Hintergrund, doch wenn Sie eine berufliche Karriere machen wollen, kann es nicht schaden, wenn Sie sich hin und wieder einmal in den Vordergrund spielen.

26–30 Punkte: Sie wissen selbst, daß Sie einen Traumjob haben und mit großer Wahrscheinlichkeit eine Traumkarriere machen werden. Die Arbeit, die Sie jetzt verrichten, liegt Ihnen und wird Ihren mannigfachen Fähigkeiten gerecht.

Sie kommen gut mit Ihren Mitarbeitern aus und sind selbst für dieses gute Betriebsklima verantwortlich. Sorgen Sie dafür, daß es dabei bleibt. Sie sollten aber auch bedenken, daß Sie jetzt, da Ihnen die Arbeit so leicht von der Hand geht, manchem Ihrer Mitarbeiter einen Schrecken einjagen. Sie selbst sind ein Perfektionist. Verlangen Sie nicht von den anderen, daß sie Ihnen in dieser Beziehung das Wasser reichen können. Sie sind da einmalig. Niemand kann so schnell, so zuverlässig, so pünktlich und so akkurat sein wie Sie, jedenfalls nicht auf Dauer. Nur wenn Sie tolerant sind und Ihren Kolleginnen und Kollegen hin und wieder kleine Schwächen zugestehen, wird man Sie voll akzeptieren. Denn daß Sie selbst auch nicht ohne Fehler sind, dürfte Ihnen ja bekannt sein.

Sie haben bereits viel erreicht, und der Weg geht weiter nach oben. Trotzdem sollten Sie nicht davon ausgehen, daß Sie innerhalb kürzester Zeit eine Führungsposition übernehmen können, die noch fest besetzt ist.

Die Jungfrau und ihre Gesundheit

Die Jungfrau und ihr Körper

Der typische Jungfrau-Mann hat einen drahtigen Körper mit knochigen Schultern und knochigen Fingern. Er hat oft feines, dünnes Haar, eine lange Nase, ein fliehendes Kinn und helle, aufmerksame Augen.

Die typische Jungfrau-Frau verfügt ebenfalls über einen schlanken Körper, schlanke Beine und kleine Füße. Sie hat eckige Schultern, häufig langes Haar, mandelförmige Augen, eine schmale Nase und oft einen breiten Mund.

Die Augen des Jungfrau-Geborenen sind erstaunlich klar. Im Gesicht dieser Sternzeichen-Vertreter zeigt sich oft eine Ruhe, die irreführend ist, täuscht sie doch über die inneren Zweifel, die Lebensangst und die Unsicherheit dieser Menschen hinweg. Viele Jungfrau-Geborene sind außerordentlich attraktiv und könnten zu viel umschwärmten Wesen werden, wenn ihnen nicht durch ihre eckige Art und durch das Fehlen des verbindlichen Charmes so manche Chance wieder verbaut würde.

Im Durchschnitt sind die Jungfrau-Geborenen klein, häufig aber recht muskulös und verfügen über mehr Kraft, als man ihnen zutrauen würde. Sie können sehr viel mehr harte Arbeit leisten, als man vermutet und haben ein ausgesprochenes Durchhaltevermögen.

Obwohl diese Sternzeichen-Vertreter große Ruhe und Sicherheit ausstrahlen, sind sie nervöse, hektische, oft innerlich zerrissene Menschen, deren Probleme sich auch körperlich niederschlagen. Besonders häufig registriert man Schwierigkeiten bei der Verdauung sowie die Neigung zu Infektionskrankheiten.

Nichtsdestotrotz sind sie alles in allem gesünder, als sie wirken.

Vor allen Dingen aber auch, als sie vorgeben. Diese Menschen neigen extrem dazu, sich um ihre Gesundheit und ihr Wohlbefinden unnötige Gedanken zu machen, von Arzt zu Arzt zu rennen und notfalls Leiden zu erfinden.

Die Wehwehchen, die allerdings gehäuft bei diesem Sternzeichen auftreten, lassen sich meistens gar nicht hundertprozentig kurieren. Dazu gehören der verdorbene Magen, Kopfschmerzen, Rückenbeschwerden und Muskelverkrampfungen. Da diese Menschen sich jedoch um ihren Körper so viele Gedanken machen und sich im allgemeinen recht vernünftig ernähren, werden sie mit großer Wahrscheinlichkeit ein hohes Alter erreichen. Die so notwendige innere Ruhe finden sie allerdings auch dann nicht, wenn die beruflichen Jahre längst hinter ihnen liegen. Sie bleiben nervöse, empfindsame Typen, die daher auch zu all jenen Beschwerden neigen, die mit innerem Streß verbunden sind. Das können Schwierigkeiten mit dem Kreislauf sein, migräneähnliche Beschwerden, Neuralgien oder aber Verkrampfungen. Anfällig sind darüber hinaus die Ohren, das vegetative Nervensystem sowie die Füße. Die Jungfrau-Geborenen können ein Lied davon singen.

Drei goldene Gesundheitsregeln für alle Jungfrau-Geborenen

Nr. 1: Auch wenn es Ihnen schwerfällt, versuchen Sie, an die Dinge des Alltags etwas gelassener heranzugehen. Sie machen sich zu viele Sorgen. Sie fressen dabei alles in sich hinein. Das muß unweigerlich zu Beschwerden im Magen-Darm-Bereich führen.

Nr. 2: Lernen Sie es, mehr zu schlafen. Da Sie sich viele Sorgen machen, über die Sie im allgemeinen mit niemandem sprechen, liegen Sie abends oft noch stundenlang wach im Bett und lassen sich von all diesen ungelösten Problemen einfangen.

Gehen Sie notfalls zu einem Psychotherapeuten, der Ihnen die Kunst des autogenen Trainings vermittelt, oder besuchen Sie einen Kurs in Yoga. Für Sie ist es von entscheidender Bedeutung, daß Sie mehr schlafen als bisher und daß Sie es vor allen Dingen lernen, richtig abzuschalten.

Nr. 3: Nehmen Sie sich für Ihre Mahlzeiten etwas mehr Zeit als bisher. Als übereifriger, strebsamer Mensch neigen Sie dazu, Ihre Mittagsmahlzeit gleich am Arbeitsplatz einzunehmen. Das ist keineswegs gut. Auch für Ihre Verdauung ist das nicht empfehlenswert. Auch ist es nicht ratsam, nur um als Erster am Arbeitsplatz zu sein, im Stehen eine Tasse Kaffee trinken und mit einem halben Brötchen in der Hand aus dem Haus zu gehen. Viel besser wäre es, etwas früher aufzustehen und in Ruhe zu frühstücken, weil Sie dann auch für die Schwierigkeiten des Tages besser gewappnet sind. Ferner gilt: die Abendmahlzeit sollte nicht vor dem Fernseher eingenommen werden, sondern im Kreis der Familie, denn dadurch kann es Ihnen gelingen, doch den nötigen Abstand zum beruflichen Alltag zu finden.

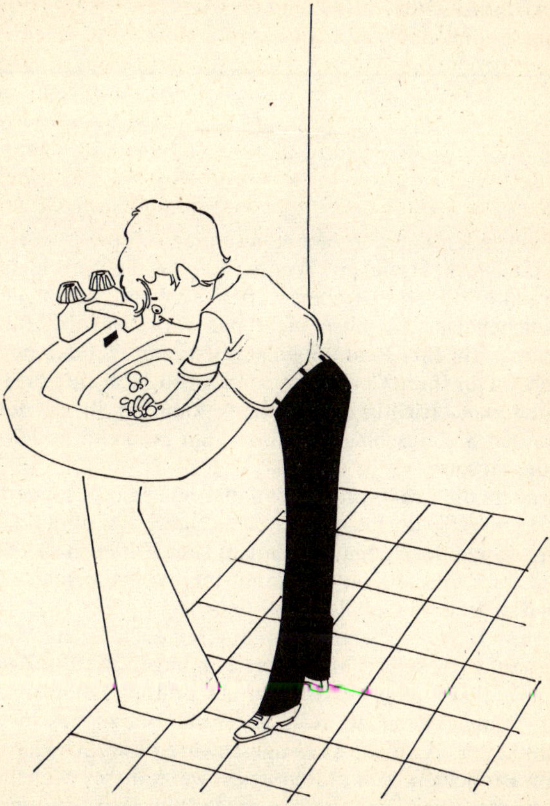

Jungfrau-Jungen sind nicht wasserscheu

Die Jungfrau und ihre Ernährung

Einen gesunden Geist in einem gesunden Körper – wer möchte dieses Ideal nicht erreichen? Wußten Sie, daß die Astrologie Ihnen helfen kann, diesen erstrebenswerten Zustand herzustellen? Ihr Sternzeichen ist schließlich nicht nur verantwortlich für Ihren Lebensweg, für Ihre Reaktionen auf bestimmte Situationen sowie weitgehend für Ihren Charakter, sondern auch für Ihr körperliches Wohlbefinden. Richtig interpretiert, kann es Ihnen den Weg zeigen, den Sie einschlagen müßten, um gesünder zu leben und gesünder zu sein.

Vor allem die Ernährung spielt dabei eine ganz besonders große Rolle. Lernen Sie doch einmal, welche Nahrungsmittel für Sie von ausschlaggebender Bedeutung sind und mit Hilfe von welcher Diät Sie sich Ihrer Gesundheit und damit Ihrem allgemeinen Wohlbefinden den größten Gefallen tun können.

Die unter dem Zeichen der Jungfrau geborenen Menschen haben häufig die selben Mangelerscheinungen wie die Zwillinge-Vertreter. Ihnen fehlt nicht selten das Zellsalz Potaciumchlorid. Dieser Mangel kann zu Katarrhen führen, zu geschwollenen Lymphknoten, Asthma, Magengeschwüren und Schwierigkeiten mit den Bronchien. Am besten ist es, wenn dieser Mangel durch die entsprechende Ernährung ausgeglichen wird. Zu empfehlen sind für Jungfrau-Geborene grüne Bohnen, Käse in jeder Form, Ziegenmilch, Rosenkohl, Blumenkohl, grüner Salat, Wasserkresse und Ananas.

Im allgemeinen ist es nicht schwierig, gerade die Jungfrau-Geborenen davon zu überzeugen, daß sie sich anders und besser ernähren müssen. Diese Menschen sind sich ihres Körpers und ihrer Gesundheit außerordentlich bewußt. Sie sind im Grunde genommen die geborenen Vegetarier. Sehr viele von ihnen verzichten freiwillig auf Fleisch und andere tierische Produkte. Sie besuchen besonders häufig Reformhäuser und sind die besten Kandidaten für Gesundheitskost in jeder Form. Ganz allgemein gilt jedoch, daß ein totaler Verzicht auf Fleisch für diese hart arbeitenden Menschen auch nicht das Wahre ist. Besser ist es, ein gesundes Mittelmaß zu finden und einen ausgewogenen Ernährungsplan einzuhalten. Es ist zu empfehlen, daß diese so magenempfindlichen Menschen nicht drei große Mahlzeiten am Tag zu sich nehmen, sondern statt dessen lieber fünf kleinere Portionen. Auch sollten sie sich vor schwer verdaulichen oder blähenden Nahrungsmitteln hüten.

Die folgenden Rezepte sind den Jungfrau-Geborenen auf den Leib geschrieben; sie enthalten alle ein großes Maß an Potaciumchlorid und beugen somit Mangelerscheinungen vor.

Gesundheitssalat

Zutaten: einige Salatblätter
eine halbe grüne Paprikaschote
eine halbe rote Paprikaschote
1 Karotte
2 kleine Tomaten
50 g Spinat
etwas Brunnenkresse
20 g geriebener Käse
2 EL Zitronensaft
1 TL Öl, Salz und Pfeffer

Zubereitung: Legen Sie eine Salatschüssel mit den Salatblättern aus, arrangieren Sie darauf den in Streifen geschnittenen roten und grünen Paprika sowie die geriebene Mohrrübe. Dekorieren Sie nun das Ganze mit Tomatenvierteln und mit Spinatblättern. Geben Sie den bereits geriebenen Käse darüber, schmücken Sie den Salat mit der Brunnenkresse und mixen Sie aus dem Öl, dem Zitronensaft und den Gewürzen eine delikate Soße, die Sie über den Salat gießen.

Griechischer Reisring

Zutaten: 250 g grobkörniger Reis
Salz, Pfeffer
1 EL Zitronensaft
2 große reife Tomaten
2 TL feingehackter Schnittlauch
eine Handvoll schwarze Oliven
eine Handvoll grüne Oliven
1 Msp Basilikum
1 Msp Majoran
1 rote Pfefferschote
4 TL Olivenöl
2 TL feingehackte Petersilie

Zubereitung: Kochen Sie den Reis ca. 15 Minuten lang in einem Topf mit gesalzenem Wasser, dem Sie den Zitronensaft zugesetzt haben. Enthäuten Sie gleichzeitig die Tomaten (zuerst in heißes, dann in kaltes Wasser legen). Hacken Sie die Tomaten fein und geben diese zusammen mit der Petersilie, dem Schnittlauch und feingehackten grünen Oliven in eine Schüssel. Würzen Sie das Ganze nun mit Basilikum und Majoran. Entschärfen Sie die rote Pfefferschote in kochendem Wasser, schneiden Sie den Stiel ab und entfernen Sie die Körner. Schneiden Sie die Schote in kleine Streifen, die den Tomaten zugefügt werden.

Vermischen Sie den noch warmen Reis mit den Tomaten. Stellen Sie aus Öl und Essig sowie etwas Salz und gemahlenem schwarzen Pfeffer eine delikate Salatsoße her, die Sie zu dem Reis geben. Schmecken Sie das Ganze ab und würzen Sie mit etwas Zitronensaft. Formen Sie nun aus dem Reis-Tomatengemisch einen Ring und kühlen Sie das Ganze etwa eine Stunde ab.

Decken Sie den Reisring mit einer gebutterten Folie ab und erwärmen Sie ihn 20 Minuten lang über einem Wasserbad. Stürzen Sie den Ring und garnieren Sie ihn mit den schwarzen Oliven und mit einigen Streifen der roten Pfefferschote.

Je nach Bedarf kann dieser griechische Reisring mit gekochtem Hühnchen, mit Garnelen oder mit Krabben gefüllt werden. Wer eine leichte Mahlzeit bevorzugt, erwärmt ihn nicht nochmals, sondern serviert ihn kalt, mit einer halben Pampelmuse in der Mitte. Aber auch ein Lammspieß paßt hervorragend dazu.

Jungfrau-Kinder sind kleine Tyrannen

Der maßgeschneiderte Jungfrau-Urlaub

Sicher ist Ihnen das auch schon passiert: Sie haben einen scheinbar wunderschönen, fürchterlich teuren Urlaub gebucht, sind erwartungsvoll dorthin gefahren, hatten sogar zauberhaftes Wetter und waren vernünftig untergebracht, und dennoch kamen Sie wie gerädert zwei oder drei Wochen später nach Hause. Was war geschehen? Die Antwort ist einfach: Sie hatten sich ein Urlaubsziel gesucht, das Ihrem astrologischen Typ überhaupt nicht entsprach. Wissen Sie überhaupt, was Sie für ein Urlaubstyp sind? Wo erholen Sie sich am besten? In den Bergen, am Strand, zu Hause?

Lernen Sie, ehe Sie die nächsten Ferien planen, welche Form der Entspannung gerade für Sie maßgeschneidert und richtig ist.

Als Jungfrau-Geborener arbeiten Sie hart, intensiv und im allgemeinen zu viel und zu lange. Sie schlafen dagegen weniger, als Ihnen guttut, weil Sie es meistens nicht schaffen, ganz abzuschalten und sich vom Streß zu erholen. Deshalb ist es für Sie noch wichtiger als für die Vertreter der anderen Sternzeichen, daß Sie wenigstens im Urlaub Ihre Ruhe haben. Wenn Sie an die See oder ans Meer fahren, könnten Sie am Strand wieder Reserve tanken, sich erholen, wieder zu Kräften kommen. Das wäre für Sie, der Sie meistens total abgearbeitet sind, ideal. Trotzdem sind Sie nicht der Typ, dem zu diesen Ferien geraten werden kann. Sie sind vom Naturell her zu unruhig, zu erlebnishungrig, als daß Sie es schaffen würden, Tag für Tag an den Strand zu gehen und nur in der Sonne zu braten. Zu solchen Ferien ist Ihnen nur dann zu raten, wenn dort ein großes Angebot an sportlichen Aktivitäten besteht und wenn Sie darüber hinaus die Möglichkeit haben, Kontakte zu anderen Menschen zu pflegen und auch Kulturelles zu erleben.

In den Bergen fühlen Sie sich sicherlich wohl. Sie betätigen sich gern sportlich, sind im allgemeinen gut durchtrainiert und haben daher viel von Kraxeltouren. Aber auch hier gilt, übernehmen dürfen Sie sich nicht. Besser ist es, Sie verzichten auf Gewalttouren, als daß Sie aus lauter Ehrgeiz die höchsten Berge bezwingen und dann genauso kaputt zu Hause aufkreuzen, wie Sie es bei Ihrer Abreise waren.

Ferien auf dem Bauernhof? Im ersten Moment schütteln Sie bestimmt den Kopf. Warum eigentlich? Diese Umgebung bietet doch alles, was Sie brauchen. Sie können sich betätigen, können auf dem Feld mithelfen, können sich um die Pflege der Tiere kümmern, können lange Wanderungen unternehmen und all das tun, was Sie glauben, dank Ihrer Energie tun zu müssen. Auf der anderen Seite jedoch können Sie in dieser Atmosphäre auch ausspannen. Sie können ausschlafen, Sie können die Umgebung genießen, Sie können sich verwöhnen lassen und einmal wieder wie bei Muttern essen. Wenn Sie Kinder haben, die an solchen Ferien interessiert sind, sollten Sie einen solchen Plan einmal durchdenken. Es könnte sein, daß Sie hier einen für Sie idealen Urlaubsplatz finden.

Urlaub bei Verwandten wäre nicht empfehlenswert. Sie würden zwar mit großer Wahrscheinlichkeit sehr viel Geld sparen, aber der Preis dafür wäre dennoch hoch. Ihre Nerven wären nämlich danach im Keller. Sie sind kein Mensch, der sich auf engstem Raume über einen längeren Zeitraum hinweg mit anderen arrangieren kann. Versuchen Sie also gar nicht erst, eine Einladung zu erhalten. Lieber greifen Sie tiefer in die eigene Tasche, als daß Sie nun sehen, ob Sie mit Schwiegermutter und Schwiegervater zwei Wochen über die Runden kommen. Unter uns: Sie tun es nicht.

Wenn Sie als Jungfrau-Geborener vorhaben, die Ferien zu Hause zu verbringen, dann kann es sein, daß Sie gestreßt daraus wieder hervorgehen. Sie sind nämlich ein Mensch, der nicht gut alle Fünfe gerade sein lassen kann und der, wenn er zu Hause bleibt, sicher tausend Möglichkeiten findet, um sich zu betätigen. Sie werden an der Wohnung etwas basteln, Sie werden reparieren und renovieren, und Sie werden bestimmt nicht das tun, was Sie im Urlaub tun sollten, nämlich ausspannen. Nur wenn Sie einen Partner haben, der Sie zwingt, auch einmal aus den eigenen vier Wänden heraus zu kommen, der Sie anhält, etwas zu unternehmen, ins Theater und ins Kino zu gehen sowie am Wochenende Ausflüge zu planen, dann ist Ihnen zum Urlaub zu Hause zu raten.

Für Sie, den erlebnishungrigen, an allem interessierten Menschen sind Auslandsferien ideal. Hier können Sie all das tun, wonach Sie sich sehnen. Sie können Neues kennenlernen, Sie können vieles erleben, Sie können aber auch ausspannen. Für Sie sind solche Ferienländer besonders günstig, die Ihnen ein großes Maß an Hobbys bieten. Wenn Sie also gleichzeitig Wassersport betreiben können, aber auch Reiten und Tennis spielen, dann sind Sie ganz bestimmt gut aufgehoben. Auch hier muß noch einmal gesagt werden: übernehmen Sie sich nicht, denken Sie daran, einmal Ruhe zu tanken.

Eine Kreuzfahrt wäre für Sie erstrebenswert, vorausgesetzt, Sie können sie sich leisten, trotzdem ist sie nicht das, was Ihnen guttut. Sie sind ein zu unruhiger Geist, als daß Sie sich auf einem Schiff festbinden lassen könnten. Nur wenn sehr viele Landgänge garantiert sind, könnte man Ihnen dazu raten.

Jungfrau-Geborene gehen gern ins Kino

Auch als Senioren sollten Jungfrauen noch ihren Spaß haben

Zwölf goldene Regeln, die Ihnen helfen, das Beste
aus Ihren schönsten Jahren zu machen.

Einen Jungfrau-Menschen, der im Alter nicht mehr weiß, was er tun soll, kann man sich nicht vorstellen. Jungfrau-Männer genauso wie Jungfrau-Frauen brauchen die Betätigung und desgleichen die Bestätigung. Sie sollten schon früh wissen, wie sie die Jahre nach der Pensionierung gestalten wollen. Müßiggang liegt ihnen nicht. Mehr als andere Menschen haben sie das Bedürfnis, für sich selbst sorgen zu können und ein Leben zu führen, das noch Abwechslung bringt.

Auf den folgenden Seiten crfahren Sie, wie Sie sich schon jetzt am besten auf die Jahre nach der beruflichen Tätigkeit vorbereiten können, wie Sie dafür sorgen können, daß Sie auch als Pensionär noch ein ausgefülltes Leben führen.

Regel Nr. 1

Freunde

Damit, sich liebe Mitmenschen zu suchen, mit denen man auch im Alter noch gut auskommt, die einem im Alter helfen, die Zeit zu vertreiben, sollte man nicht erst nach der Pensionierung beginnen. Viel vernünftiger ist es, sich schon während jener Zeit, in der man im beruflichen Leben steht und somit Kontakt hat zu vielen Kollegen und Kolleginnen, Freundschaften aufzubauen, die erst später, wenn man wirklich füreinander Zeit hat, von großer

Bedeutung werden. Auch ist es sehr viel einfacher, mit solchen Mitmenschen gut auszukommen, die man seit längerer Zeit kennt, und mit denen man eine gemeinsame Vergangenheit hat, auf die es sich immer wieder in Gesprächen und Erinnerungen zurückgreifen läßt.

Dennoch: machen Sie nicht den Fehler, sich nur gleichaltrige Freunde, oder aber solche zu suchen, die den gleichen Beruf hatten wie Sie selbst. Für Sie wird es gerade in den reiferen Jahren wichtig und stimulierend sein, zu solchen Männern und Frauen Kontakt zu haben, die entweder einer anderen Altersgruppe angehören als Sie selbst, oder aber von einem anderen beruflichen Hintergrund kommen.

Sonst nämlich laufen Sie Gefahr, sich in einem Netz von immer gleichbleibenden Gedanken und Vorstellungen zu fangen und einander schnell auf die Nerven zu fallen.

Regel Nr. 2
Hobbys

Gehen Sie um Himmels willen nicht davon aus, daß Sie erst ein Senior bzw. pensioniert sein müssen, ehe Sie Zeit haben werden, um sich um Ihre Hobbys zu kümmern.

Dann nämlich, so haben Studien und Erfahrungen immer wieder gezeigt, ist es zu spät, um sich noch für ein neues Steckenpferd zu begeistern.

Richtiger und wichtiger ist es, schon jetzt, auch wenn sie knapp bemessen ist, in vorhandener Freizeit Beschäftigungen nachzugehen, die Ihnen Spaß machen und die Sie später zu auch zeitraubenden Hobbys ausbauen können.

Sammeln Sie jetzt schon Briefmarken, wenn Sie sich dafür interessieren! Belegen Sie Kurse, um zum Beispiel die Kunst des japanischen Blumensteckens, um Ikebana zu lernen! Werden Sie ein perfekter Hobby-Koch oder eine perfekte Köchin! Lernen Sie es, sich Ihre Kleider selbst zu nähen! Suchen Sie sich in der Botanik oder auf irgendeinem anderen naturwissenschaftlichen Gebiet einen Fachkreis heraus, für den Sie sich interessieren und über den Sie nun besonders viel lesen und lernen möchten! Verschreiben Sie sich der Folklore oder dem Tanz! Lernen Sie ein Instrument spielen, auch wenn die Vernunft Ihnen sagt, daß Sie dazu genau genommen noch keine Zeit haben!

In den reiferen Jahren wird Ihnen diese Initiative doppelt und dreifach zugute kommen.

Regel Nr. 3

Sport

Tun Sie sich den Gefallen, betreiben Sie jetzt schon Sport! Warten Sie auch in dieser Beziehung nicht darauf, daß Sie erst vierzig, fünfzig oder mehr Jahre alt sind. Medizinische Untersuchungen haben bewiesen: wer den größten Teil träge und sportlich inaktiv in seinem Leben gewesen ist, kann sich später auf diesem Gebiet kaum noch etwas zumuten.

Ein Körper dagegen, der kontinuierlich trainiert wurde, bleibt bis ins hohe Alter belastbar und elastisch.

Wichtig ist ja nicht Ihr chronologisches Alter, sondern vielmehr jenes, das durch die Belastbarkeit, Elastizität, Ausdauer und Sportlichkeit Ihres Körpers festgesetzt ist. Sollten Sie erst jetzt mit einem regelrechten Trainingsprogramm beginnen, dann gilt zu bedenken: mit rekordverdächtigen Höchstleistungen fängt man nicht an. Besser und richtiger ist es, das Programm langsam zu steigern und sich am Anfang nicht zuviel zuzumuten; wieder eine Aufgabe, die Ihnen als Jungfrau-Geborenen begreiflicherweise schwerfällt. Ihnen würde es liegen, sich gleich wieder kopfüber in die neue Aufgabe hinein zu stürzen und das sollten Sie, im Interesse Ihres eigenen Wohlbefindens, lassen.

Regel Nr. 4

Reisen

So mancher ältere Mensch hat es schon bedauert, daß er in seinen jüngeren Jahren nicht genug von der Welt gesehen hat. Machen Sie nicht auch den gleichen Fehler! Verlegen Sie nicht alle größeren und aufregenderen Reisen auf einen späteren Zeitpunkt. Schließlich haben Sie auch jetzt Urlaub. Und vor allem: im Moment sind Sie noch rüstig, unternehmungsfreudig und aufnahmebereit, so

Jungfrauen beschäftigen sich gern mit Astrologie

daß Sie von diesen Reisen auch wirklich etwas haben. Wenn Sie schon jetzt, so lange Sie noch im Berufsleben stehen, wenigstens einmal im Jahr eine größere Reise unternehmen, schon, um auf diese Art und Weise jetzt festzustellen, welche Länder Ihnen liegen und welche Form der Ferien für Sie richtig ist.

Seien Sie dabei nicht träge! Sie tun sich selbst keinen Gefallen, wenn Sie sich für eine bestimmte Pension in einem bestimmten Ferienort einmal begeistert haben und von nun an jedes Jahr einmal in dasselbe Haus und denselben Ort zurückkehren.

Das können Sie immer noch machen, wenn Sie Senior sind. Jetzt, während der aktiven und beweglichen Jahre haben Sie mehr davon, immer wieder Neues kennenzulernen.

Regel Nr. 5

Clubs

Wägen Sie Ihre diversen Hobbys einmal ganz sorgfältig gegeneinander ab! Welches sagt Ihnen am meisten zu? Von welchem könnten Sie sich vorstellen, daß Sie sich auch in reiferen Jahren noch intensiv damit beschäftigen? Wenn Sie sich auf diese Fragen keine Antwort geben konnten, sollten Sie einem diesbezüglichen Club beitreten. Das kann ein Sport-Club sein, ein Segelverein, ein Tennis-Club, eine Gruppe Musizierender, ein Schach-Verein, ein Kreis der Briefmarkensammler, der Flugzeugmodell-Bauer, der Tierzüchter und was noch immer es auf diesem Gebiet gibt. Wichtig ist nur, daß Sie sich rechtzeitig einen Kreis Gleichinteressierter und Gleichgesinnter suchen, der Ihnen später, wenn Sie sehr viel mehr Freizeit haben werden als im Moment, große und wichtige Dienste erweisen wird.

Regel Nr. 6

Zweierbeziehung

Gehen Sie doch einmal ganz bewußt davon aus, daß Sie Ihre zweiten Flitterwochen in dem Moment verbringen können, in dem die Kinder aus dem Hause sind, und in dem Sie beruflich nicht mehr so angespannt sind wie früher. Zum Beispiel während der

Zeit nach der Pensionierung. Konzentrieren Sie sich jetzt doch einmal ganz intensiv auf Ihren Partner! Lernen Sie ihn noch einmal von vorne kennen! Gehen Sie auf seine Wünsche und Vorstellungen ein! Entdecken Sie ihn neu! Dieses Verhalten unter Eheleuten ist ganz besonders wichtig, denn gerade im Alter sind es doch Mann und Frau, die weitgehendst aufeinander angewiesen sind. Je älter man wird, desto kleiner wird auch der Kreis jener Menschen, die im eigenen Leben eine Rolle spielen. Der Partner wird ganz automatisch wieder zur numero uno. Das klappt um so besser, je intensiver man einander kennt und je inniger man miteinander zu leben versteht.

Wichtig ist in diesem Zusammenhang auch, daß beide Partner versuchen, in zunehmendem Alter noch wieder neue, gemeinsame Hobbys zu finden, die sie verbinden. Reibereien und Streitigkeiten werden vermieden, wenn Mann und Frau mitunter auch dem gleichen Verein angehören oder doch zumindest jeder das Hobby des anderen nicht nur akzeptiert, sondern sogar versteht.

Regel Nr. 7
Kinder

Schon während Ihre Kinder noch klein sind, müssen Sie dafür sorgen, daß Sie später, wenn diese erwachsen sind, ein gutes, gesundes Verhältnis zu Ihnen haben. Wer seine Söhne und Töchter zu eng an sich bindet, läuft Gefahr, daß Sie sich endgültig vom Elternhaus entfernen, sobald sie auf ihren eigenen Füßen stehen.

Das Verhältnis zwischen Eltern und Kindern gestaltet sich erfahrungsgemäß um so inniger, je lockerer die Leine war, an der die Kinder lagen, je großzügiger die Erziehung gehandhabt wurde, und je mehr das gegenseitige Verhältnis von Vertrauen und Freiheit geprägt war.

Bauen Sie Ihre Senioren-Zeit um Himmels willen nicht auf die Kinder auf. Gehen Sie also nicht davon aus, daß der Sohn oder die Tochter Sie schon aufnehmen werden. Planen Sie für sich selbst, für Ihr eigenständiges, unabhängiges Leben!

Das muß ja nicht heißen, daß Sie nicht im Notfall für Ihre Kinder und Enkel zur Verfügung stehen. Aber machen Sie daraus nicht ihren Lebensinhalt!

Regel Nr. 8

Vorbereitung

Bereiten Sie sich auf die Pensionierung intensiv und rechtzeitig vor. Sie kennen ja den berühmten Pensionierungsschock. Er überfällt vornehmlich jene Menschen, die ein Leben lang mit ihrem Beruf mehr oder weniger verheiratet waren und die neben der Karriere keine anderen Interessen hatten. Gönnen Sie sich rechtzeitig Interessen, die mit Ihrer Arbeit nicht das geringste zu tun haben. Und machen Sie sich wieder und wieder gedanklich mit dem Moment vertraut, in dem Sie aus der Firma ausscheiden. Erst dann damit zu beginnen, sich so etwas wie ein Freizeitprogramm aufbauen zu wollen, wäre falsch. Am besten sind jene Menschen dran, die für den Tag bzw. die Tage nach der Entlassung aus dem Beruf bereits einen prall gefüllten Kalender voller Aktivitäten haben, so daß sie im ersten Moment kaum wissen, wo sie beginnen wollen.

Regel Nr. 9

Neuorientierung

Viele Frauen neigen dazu, ganz in ihrem Dasein als Hausfrau und Mutter aufzugehen. Sie leben durch und für ihre Kinder. Sie vernachlässigen ihre eigenen Interessen und Wünsche, um ausschließlich für die Familie dasein zu können. Sie machen es sich meistens nicht klar, aber ihr Leben hat sehr viel mit dem Dasein eines Märtyrers gemeinsam.

Gerade solche Frauen aber tun sich ganz besonders schwer, wenn die Kinder eines Tages aus dem Haus sind. Sie fühlen sich plötzlich überflüssig und alt, sind der Meinung, daß ihr Leben seinen Inhalt verloren hat und werden mit dem ständigen Alleinsein nicht mehr fertig.

Hier ist es wichtig, sich innerlich und seelisch rechtzeitig und endgültig von den Kindern zu trennen und zu akzeptieren, daß sie ein Recht auf ihr eigenes, selbständiges Leben haben. Genauso wichtig ist es aber auch, sich auf diesen Tag vorzubereiten. Auch eine Frau, die jahrzehntelang durch Haushalt und Kinder ausgefüllt war, benötigt daneben Hobbys und eine Vielzahl anderer

Aktivitäten, denen sie nachgehen kann, wenn ihre Pflichten als Mutter nicht mehr in vollem Umfang bestehen.

Richtig ist es auch, in diesem Moment sich wieder mehr auf den Partner zu konzentrieren, mehr auf ihn einzugehen und gemeinsam mit ihm neue Hobbys und neue Beschäftigungen zu entwikkeln.

Regel Nr. 10

Fitneß

Wenn Sie von Ihren reiferen Jahren etwas haben wollen, ist eine gute gesundheitliche Konstitution die beste und wichtigste Voraussetzung dafür. Fangen Sie rechtzeitig mit einem regelmäßigen Fitneß-Programm an. Sie tun sich selbst, Ihrer Linie und Ihrem allgemeinen Wohlbefinden den größten Dienst, wenn Sie täglich – und sei es auch nur wenige Minuten – Gymnastik betreiben und wenn Sie mindestens einmal in der Woche einem Sport nachgehen. Machen Sie täglich, wenn eben einzurichten ist, Spaziergänge! Nehmen Sie nicht jedes Mal den Fahrstuhl! Gehen Sie, wenn Sie einen Brief einwerfen müssen, zu Fuß und lassen Sie das Auto auch einmal in der Garage.

Bewegen Sie sich wann und wo immer Sie können! Machen Sie nicht immer nur einen Erholungsurlaub, sondern auch einmal einen Aktivurlaub! Achten Sie auf Ihre Linie und auf Ihre Ernährung! Steigen Sie, auch wenn Sie schon einige Jahrzehnte auf dem Buckel haben, getrost wieder einmal auf Ihr Fahrrad!

Verschreiben Sie sich möglichst einem Sport oder einem Fitneß-Programm, bei dem der gesamte Körper einigermaßen gleichmäßig belastet wird. Ideal sind dafür Schwimmen, Wandern, Radfahren und Skilanglauf.

Regel Nr. 11

Kultur

Ihr kulturelles Leben sollte nicht erst beginnen, wenn Sie sechzig Jahre alt sind. Die notwendige Zeit für gelegentliche Theaterbesuche, für Konzerte, Filme, Ausstellungen und Vorträge können Sie auch jetzt, so lange Sie noch ganz im beruflichen Leben stehen bzw. als Hausfrau und Mutter belastet sind, durchaus aufbringen. Versuchen Sie darüber hinaus, Ihr kulturelles Leben und Ihre kulturellen Interessen mit menschlichen Kontakten zu verbinden. Schaffen Sie sich einen Kreis, den Sie regelmäßig zu Theaterbesuchen treffen oder einen Museumsbesuch machen. Suchen Sie sich Seelenverwandte, Gleichinteressierte, die dafür sorgen, daß Sie auch später aktiv am kulturellen Geschehen Ihrer Stadt teilnehmen, denn Sie wissen ja: Eine Reihe von Unternehmungen nimmt man sich zwar immer wieder vor, aber im letzten Moment kriegt man dann doch nicht die entscheidende Kurve. – Es sei denn, man hat ein oder zwei Menschen, die einen ermutigen, das Geplante doch in Angriff zu nehmen.

Regel Nr. 12

Aufgaben

Wenn Sie nicht gerade zu jenen Menschen gehören, die eine ausgeprägte soziale Ader haben, dann sollten Sie sich für Ihre Seniorenzeit vielleicht nicht unbedingt einen gemeinnützigen Job suchen. Wichtig ist jedoch, daß Sie irgendeine sinnvolle Arbeit finden, die Ihnen auch dann noch das Gefühl gibt, gebraucht zu werden, wenn Sie nicht mehr im aktiven Berufsleben stehen.

Diese Aufgabe muß ja nicht unbedingt ein tägliches Programm sein. Es reicht, wenn Sie pro Woche einige Stunden irgendwo einen Einsatz haben, der Ihnen das Bewußtsein vermittelt, noch nicht endgültig zum alten Eisen zu gehören.

Übrigens: Gehen Sie an Ihre Seniorenjahre von vornherein mit einem positiven Gefühl heran. Machen Sie sich klar, daß diese zu den schönsten Ihres Lebens werden können, daß sie noch voller Aktivitäten sein können und sie es Ihnen erlauben, endlich all jene Dinge zu tun, zu denen Ihnen bisher die notwendige Muße fehlte.

Wer die Jahre nach der Pensionierung als ein Alter betrachtet, in dem bereits „alles gelaufen ist", altert erfahrungsgemäß ganz besonders schnell und neigt darüber hinaus dazu, zum Miesepeter zu werden, mit dem sich kaum jemand beschäftigen möchte.

Der gute Rat zum Schluß: Für Seele, Körper und Gemüt ist es von ausschlaggebender Bedeutung, daß Sie nicht dem Irrglauben unterliegen, körperliche Liebe und erfüllender Sex seien der Jugend vorbehalten. Vielmehr gilt, daß Intimitäten auch in fortgeschrittenem Alter normal, beglückend, gesundheitsfördernd und empfehlenswert sind. Ärzte haben nämlich längst festgestellt, daß solche Menschen, die sich ihre Sexualität zu erhalten wissen, durchschnittlich eine höhere Lebenserwartung haben, weil sie sich mehr vor Streß schützen als andere und ihrem Dasein die Sonnenseite abzugewinnen vermögen.

Jungfrauen genießen die schöne Künste

Das Erfolgsbrevier für Ihre eigene Zufriedenheit

Wer mit sich und seiner Umwelt zufrieden durchs Leben gehen möchte, muß in erster Linie wissen, welche Dinge einen beglükken, welche Dinge einen erfüllen, beschäftigen, welche wichtig sind und welche man ablehnt. Astrologische Selbststudien sind Voraussetzungen dafür, daß man lernt, von vornherein solche Situationen zu vermeiden, die einen ohnehin nur unglücklich oder ärgerlich machen könnten. Glücksaussichten hat jener Mensch, der seine Ziele kennt und weiß, was ihn froh und heiter stimmt.

Lernen Sie hier sich und Ihre Jungfrau-Vorlieben kennen. Erfahren Sie ebenfalls, was Sie regelmäßig auf die Palme bringt. Dann haben Sie einen Schlüssel in der Hand, einen Mittelweg zu beschreiten, der Sie zu größerer Zufriedenheit bringt.

Das hat die Jungfrau gern

Als Jungfrau-Geborener schätzen Sie eine gewisse Zucht und Ordnung. Sie mögen es, wenn das vor Ihnen liegende Leben überschaubar und kontrollierbar ist. Sie haben nichts gegen Routine und Gewohnheiten.

Wenn jemand versucht, Sie aus dem Gleichgewicht zu bringen, verlieren Sie schnell die Nerven. Flexibel sind Sie nämlich nicht. Sie fühlen sich am wohlsten, wenn Sie festgefügte Vorschriften haben, die Ihnen jeden Schritt vorgeben. Sie können zu einer bestimmten Zeit aufstehen, zu einer bestimmten Zeit Ihre Nahrung zu sich nehmen, zu einem bestimmten Zeitpunkt mit der Arbeit beginnen und auch pünktlich damit fertig werden. Alle

Abweichungen von diesem Schema irritieren Sie. Für schnelle Umstellungen sind Sie genauso wenig zu haben wie für plötzliche Improvisationen.

Sie haben es gern, wenn man das, was Sie tun, anerkennt. Das ist um so wichtiger, als Sie selbst ja nicht dafür sorgen, daß man sieht, was Sie leisten. Freiwillig bewegen Sie sich in den Hintergrund. Sie agieren mit Vorliebe in der zweiten oder dritten Reihe und wundern sich dann darüber, daß Ihnen nicht jene Lorbeeren zufallen, die Sie doch eigentlich verdient hätten. Hier nur ein guter Rat: Drängeln Sie ruhig einmal ein bißchen. Schieben Sie sich ein wenig in den Vordergrund. Es könnte nicht schaden, wenn Sie auch einmal Ihre Ellbogen gebrauchen.

Sie haben es gern, wenn in Ihrer unmittelbaren Umgebung, also auch im häuslichen Rahmen, alles seine Ordnung hat. Auch hier halten Sie sich mit Vorliebe an festgefügte Prinzipien, von denen Sie erwarten, daß sie von der gesamten Familie eingehalten werden.

Als Jungfrau-Mann haben Sie es gern, wenn man Ihnen unangefochten die Rolle des Familienoberhauptes überläßt und wenn Sie derjenige sind, der alle Entscheidungen treffen kann. Sie genießen es, wenn auch Ihre Kinder recht streng erzogen wurden und sich an alle Richtlinien halten, die von Ihnen festgesetzt wurden. Sie brauchen eine gepflegte und ordentliche Umgebung und können beispielsweise mit einer Partnerin nichts anfangen, die ihren Haushalt nicht ganz so in Schuß hat, wie Sie sich das vorstellen.

In beruflicher Hinsicht wissen Sie einen Arbeitsbereich zu schätzen, in den Ihnen niemand hineinredet. Trotzdem möchten Sie auch da Ihre Vorschriften haben, an denen Sie sich zumindest orientieren können. Wenn man Sie in den luftleeren Raum stellt und von Ihnen lediglich Kreativität und Eigeninitiative verlangt, sind Sie leicht hilflos.

Als weibliche Jungfrau brauchen Sie, um einigermaßen zufrieden zu sein, einen starken Partner, der Ihnen Sicherheit gibt. Sie müssen sich an seiner Seite behütet und geborgen fühlen. Die in Ihnen wurzelnde Lebensangst, die Sie meistens nicht zeigen, läßt sich nur dann ausschalten, wenn Sie genau wissen, daß Sie in guten Händen sind. Sie haben es darüber hinaus gern, wenn es in Ihrer unmittelbaren Umgebung sauber, ordentlich und gepflegt zugeht. Jedes Stäubchen kann Sie auf die Palme bringen.

Wenn Sie berufstätig sind, ziehen Sie eine Tätigkeit vor, in der Sie nicht so sehr im Rampenlicht der Öffentlichkeit stehen müssen und wo Sie in aller Ruhe all jene Kleinigkeiten erledigen können, um die sich sonst niemand kümmert. Sie brauchen ständig die Bestätigung Ihrer Vorgesetzten, weil Sie dann eine wertvolle Arbeitskraft sind, wenn Sie das feste Gefühl haben, daß Ihre Bemühungen auch gewürdigt werden.

In der Liebe haben Sie es gern, wenn an Ihnen jemand nicht die äußere Hülle schätzt, sondern das, was darunter ist. Sie wissen ja selbst, daß Sie einen kühlen, spröden Eindruck machen. Sie brauchen also einen Partner, der begreift, daß Sie im Grunde Ihres Herzens ein schutzbedürftiges, anschmiegsames Wesen sind, das keineswegs so unverletzlich und so kühl ist, wie es auf manche wirkt.

Was Sie noch gern haben? Schöne Kleider, schönen Schmuck, Accessoires. Aber all das sollte bei Ihnen nicht extravagant sein, sondern von unauffälliger Eleganz. Sie haben es gern, wenn Sie durch gutes Aussehen, durch Attraktivität wirken, sind aber dagegen, marktschreierisch auf Ihre eigenen Reize aufmerksam zu machen.

Und das macht die Jungfrau rasend

Der männliche Jungfrau-Geborene kann es auf den Tod nicht ausstehen, wenn er versetzt wird. Da er selbst superpünktlich ist und sich nie auch nur um eine halbe Minute vertut, hat er kein Verständnis dafür, daß man ihn warten läßt. Wird ein Termin nicht eingehalten, zu dem er selbstverständlich pünktlich erschienen ist, dann ist er sofort auf der Palme. Was er auch nicht leiden kann, sind ungenaue Angaben. Er selbst hält sein Wort und drückt sich im allgemeinen klar und präzise aus. Wenn er also einen geschäftlichen Abschluß tätigt, müssen die Klauseln deutlich und allgemein verständlich sein. Vage Antworten sind ihm zuwider.

Verhaßt ist ihm jede Form der Unordnung und jeder Eingriff in sein System. Hat er beispielsweise eine Ablage geschaffen, in der er sich gut auskennt und hat er auf seinem Schreibtisch eine bestimmte Form der Ordnung geschaffen, dann ist er sofort aus dem Häuschen, wenn jemand versucht, das System durcheinander zu bringen. Das kann lieb gemeint sein, Verständnis hat er dafür trotzdem nicht.

Es macht ihn rasend, wenn er sich freiwillig bescheidet und dann dafür nicht einmal gelobt wird. Er braucht seine Streicheleinheiten und seine täglichen Bestätigungen, da er ein sehr empfindsames, leicht verletzliches Ego hat. Ganz verrückt macht es ihn, wenn man ihn nur deshalb für einen Versager hält, weil er nicht seine eigenen Fähigkeiten anzupreisen versteht. Er ist der Meinung, durch Taten überzeugen zu können und vergißt dabei gerne, daß auch gute Produkte heute der Reklame bedürfen.

Leere Versprechungen, vage Vermutungen und Tagträumereien ärgern ihn. Als ausgesprochener Realist kann er sich nicht in einen Menschen hineinversetzen, der weitgehend von der Phantasie lebt.

Rasend macht ihn eine Partnerin, bei der er nicht weiß, woran er ist. Er braucht ein Wesen an seiner Seite, auf das er sich verlassen kann und auf das er hundertprozentig bauen kann. Er braucht eine Frau, die warmherzig ist und verständnisvoll. Gut ist für ihn auch eine Partnerin, die dank eines heiteren Gemüts dafür sorgt, daß auch er etwas von seiner Ernsthaftigkeit verliert.

Die weibliche Jungfrau kann es auf den Tod nicht leiden, wenn man über sie lächelt oder sie kritisiert. Obwohl sie selbst eine außerordentlich scharfe Zunge hat, ist sie zutiefst verletzt, wenn man an ihrer Person Kritik übt. Sie braucht vielmehr ständige Bestätigung und das Bewußtsein, daß man ihren ungeheuren Einsatz auch zu würdigen weiß.

Jede Form der Schlamperei ist ihr zuwider, und zwar in jeder Beziehung, sei es nun, daß es sich um berufliche Dinge handelt, um ihren Haushalt oder um ihr Privatleben. Bei ihr muß alles seine Ordnung haben. Zucht und Ordnung ist sogar das Motto, das man über ihr Leben schreiben könnte. Rasend machen auch sie Verspätungen, nicht eingehaltene Versprechen, Halbheiten und Kompromisse. Irgendwo liegt ja da auch die Schwierigkeit und die Komplexität ihres Wesens. Sie selbst ist zwar nicht zur Toleranz bereit, sondern sieht alles durch ihre recht enge Brille, verlangt aber, daß man sie so nimmt, wie sie nun einmal ist, nämlich schwierig.

Rasend macht sie ferner jede Form der Unbeherrschtheit. Da sie selbst in der Lage ist, ständig über ihren eigenen Schatten zu springen und sich zu Dingen zu zwingen, die ihr gar nicht liegen, erwartet sie ein gleiches Verhalten von ihren Mitmenschen. Sie ist dann bitter enttäuscht, wenn sie feststellen muß, daß andere über diese Fähigkeit nicht verfügen.

Die Jungfrau in Stichworten

Seine Zeit: vom 24. August bis 23. September
Seine Nummer: Sechs
Sein Geburtsherrscher: Merkur
Sein Element: Erde
Seine Konstitution: überwiegend schlank, ovale Gesichtsform, kleines Kinn, bei den Männern häufig früher Haarausfall an den Ecken
Seine Fraben: grau oder marineblau
Seine Länder: Griechenland, Türkei, Westindien, Frankreich
Seine Städte: Paris, Boston, Heidelberg, London, München und Neu-Dehli
Sein Metall: Quecksilber
Sein Glücksstein: Rosenquarz
Seine Glückszahlen: 9, 17, 25, 32, 41, 51, 67, 73, 84, 92
Seine Glückskombinationen: 1, 11, 55; 9, 49, 90; 10, 70, 80
Seine Stärken: Ordnungsliebe, Strebsamkeit, Loyalität, Zuverlässigkeit, Pünktlichkeit, Fleiß
Seine Schwächen: Hang zum Nörgeln, übergroßer Perfektionismus, Intoleranz, Ungeduld, übergroße Empfindlichkeit
Seine Glückstage: 10. Januar, 10. Februar, 2. März, 17. April, 23. Mai, 29. Juni, 31. Juli, 10. August, 16. September, 15. Oktober, 15. November, 9. Dezember
Seine Nebenzeichen: Löwe und Waage

Die Konstellation der Planeten und ihre Bedeutung

Der Wesenskern, die Handlungsweise und die Gefühlsreaktionen jedes Menschen werden weitgehend davon geprägt, wie die Gestirne zu seiner Geburtsstunde standen. Nicht nur die Planeten, sondern auch der Mond beeinflussen entscheidend den Charakter und das Verhalten jedes Tierkreis-Vertreters. Wer also die Position des Mondes wie auch die der Planeten anhand der individuellen Geburtsstunde aus den Gestirnstandsauszügen errechnen kann, verfügt über eine genaue Analyse seines wirklichen Wesens.

Auch Sie können tief in sich selbst und Ihr Innenleben hineinsehen, wenn Sie das folgende Kapitel aufmerksam lesen.

Der Mond – das Symbol für die Seele, das Gemüt und die Gefühlswelt

Bei einflußreicher Konstellation bedeutet das für Jungfrau-Geborene: Diese Menschen sind eher zurückhaltend als im seelischen Bereich aufgeschlossen. Sie geben sich reserviert und kühl und sind häufig mit Komplexen beladen, unter denen sie sehr zu leiden haben. Häufig fallen diese Menschen dadurch auf, daß sie viel und schnell sprechen. Sie halten im Umgang mit anderen absolute Distanz und bewahren immer eine konventionelle Form. Sie sind empfindsam, daher leicht beleidigt und überkritisch. Bei sehr ungünstigen Aspekten interessieren sie sich nur für Oberflächliches, für den Alltag. Bei günstigen Aspekten kommt ein wissenschaftliches Interesse an allen Forschungsgebieten dazu. Aber auch hier ist die Liebe zum Detail unverkennbar. Negativ ist eine übergroße Neugierde, die in wenigen Fällen sogar mit Klatschsucht gepaart ist.

Der Merkur – das Symbol für Verstand, Sprache und Vermittlung

Bei einflußreicher Konstellation bedeutet das für Jungfrau-Geborene: Das Sprachgefühl ist sehr gut ausgeprägt und paart sich mit einem sehr eindringlichen Intellekt. Vor allem die Details einer Sache werden immer ganz genau erfaßt. Genauigkeit zeichnet sich auch in anderen Bereichen ab. Besondere Talente für die Mathematik sind gegeben sowie für die Grammatik. Diese Menschen sind geduldig und sehr eindringlich, aber auch ganz besonders kritisch. Sie haben einen Hang zur Philosophie und wollen alle Zusammenhänge immer besonders tief erfassen. Auffallend ist eine belehrende, schulmeisterliche Ader. Die Urteile, die von diesen Menschen gefällt werden, sind sehr logisch und eingängig. Wenn eine Aspektverletzung vorliegt und negative Typen geprägt werden, dann sind diese ständig nörgelnd und überdurchschnittlich pedantisch.

Die Venus – das Symbol für die Liebe und Harmonie sowie für das Schönheitsempfinden

Bei einflußreicher Konstellation bedeutet das für Jungfrau-Geborene: Hier scheint der Gefühlssektor etwas gehemmt zu sein. Man sagt, daß diese Leute sogar spröde seien, in negativen Fällen auch berechnend. Ihre Hingabefähigkeit ist begrenzt, sie wirken daher – zumindest nach außen – kühl. Trotzdem muß man bei ihnen sehr viel Mitgefühl voraussetzen, das sie vor allen Dingen für fremdes Leid entwickeln. Sie sind komplexe Wesen mit einer sehr schwer zu überschauenden seelischen Haltung. Auch hier ist wieder eine Tendenz zu Hemmungen und zu Neurosen zu verzeichnen. Für die weitere Entwicklung dieser Jungfrau-Geborenen ist entscheidend, wie die ersten sexuellen Kontakte verlaufen sind. Waren die erotischen Erfahrungen positiv, werden durchaus noch warmherzige Männer und Frauen aus diesen Wesen. Mußten aber schon früh Enttäuschungen verkraftet werden, können daraus verhärmte Typen entstehen.

Der Mars – das Symbol für den Willen, die Tatkraft und die Energie

Bei einflußreicher Konstellation bedeutet das für Jungfrau-Geborene: In diesem Fall ist es der Verstand, der den Willen beherrscht. Folglich sind vorsichtiges Handeln und Planen ganz ausgeprägt. Trotzdem sind diese Jungfrau-Geborenen leicht reizbar und wieder einmal außerordentlich kritisch. Sie setzen sich intensiv mit ihrer Umwelt auseinander. Wenn sie argumentieren, sind sie sehr erfindungsreich und spitzfindig. Ihre Begabungen liegen auf dem Gebiet des Forschens und der wissenschaftlichen Berufe. Wenn die Aspekte verletzt werden, wenn negative Typen geprägt werden, sind diese ausgemachte Besserwisser. Auch findet man bei ihnen den Hang zur Bauernschläue, die jedoch mit einem meist als trocken empfundenen Wesen Hand in Hand geht.

Der Jupiter – das Symbol für Gerechtigkeit, Legalität und Ausbreitung

Bei einflußreicher Konstellation bedeutet das für Jungfrau-Geborene: An sich ist das Zeichen der Jungfrau der eigentlichen Wesensart des Jupitersymbols fremd. Das ständige Denken mit Verstand hemmt mitunter die Großzügigkeit des Naturells und bremst und überwacht vor allen Dingen die Gefühle. Hier werden Menschen geprägt, die über überdurchschnittliche pädagogische Fähigkeiten verfügen. Mit diesen Talenten Hand in Hand gehen ein Hang zur Kritik und zur Methodik. Auch hier muß wieder alles seine Ordnung haben. Wurden ungünstige Charaktere durch Aspektverletzungen geprägt, so tun diese sich vor allen Dingen in der beruflichen Karriere schwer, weil sie bei ihren Mitmenschen ständig anecken.

Der Saturn – das Symbol für die Pflicht, die Arbeit und die Mühen

Bei einflußreicher Konstellation bedeutet das für Jungfrau-Geborene: Hier ist der Intellekt ganz besonders entscheidend. Es fällt auf, daß er eindringlich ist, konzentrativ, prüfend. Die sonst mitunter bei Jungfrau-Geborenen anzutreffende Oberflächlichkeit wird hier übersetzt durch eine starke geistige Kraft, die sehr in die Tiefe geht. Der Verstand beherrscht intensiv die Gefühle. Es ist die geistige Kraft, die die Einsichten prägt, nicht etwa das Gefühl. Kein Wunder, daß dabei auch häufig grüblerische Personen geprägt werden. Mitunter trifft man aber auch Menschen an, die dank des Saturn-Einflusses zur Pedanterie und zur Nörgelsucht neigen. Nicht selten ist auch ein gewisser Hang zur Melancholie, der im allgemeinen nur durch Sicherheit und privates Glück wieder aufgefangen werden kann.